电子与电气专业"十三五"规划教材

传感器与车辆检测技术

主 编 谢永超 严 俊 房晓丽
副主编 石金艳 范芳洪 杨 利 陈春棉

U0334005

北京希望电子出版社
Beijing Hope Electronic Press
www.bhp.com.cn

内容简介

本书介绍了检测技术的基本知识，主要是工业、生活等领域常用的传感器的工作原理、基本结构及其应用，以及铁道车辆检测技术等。本书以实用性、创新性为特色，配有丰富的传感器应用的案例，便于学生在学习传感器原理及结构特点的基础上，能够掌握传感器的应用并合理根据要求选用传感器。

本书可以作为应用型本科、职业院校机电一体化、工业机器人、电气自动化、动力与车辆工程、应用电子技术等相关专业的教材，也可供在企业生产一线从事技术、管理、运行等工作的相关技术人员参考使用。

图书在版编目（CIP）数据

传感器与车辆检测技术 / 谢永超，严俊，房晓丽主编. — 北京：北京希望电子出版社，2019.2

ISBN 978-7-83002-675-2

Ⅰ.①传… Ⅱ.①谢… ②严… ③房… Ⅲ.①传感器—高等职业教育—教材 ②铁路车辆—车辆检测器—高等职业教育—教材 Ⅳ.①TP212 ②U279.3

中国版本图书馆 CIP 数据核字（2019）第 022040 号

出版：北京希望电子出版社   封面：赵俊红
地址：北京市海淀区中关村大街 22 号   编辑：龙景楠
中科大厦 A 座 10 层   校对：薛海霞
邮编：100190   开本：787mm×1092mm   1/16
网址：www.bhp.com.cn   印张：13
电话：010-82626270   字数：333 千字
传真：010-62543892   印刷：廊坊市广阳区九洲印刷厂
经销：各地新华书店   版次：2021 年 8 月 1 版 2 次印刷

定价：38.00 元

前　言

为了适应高等职业教育不断发展的需求，紧跟传感器技术发展的步伐，编者在广泛吸取与借鉴近年来高职检测技术课程教学经验的基础上，编写了本书。

本书力求精简理论知识，丰富实际应用，选用新颖的内容和丰富的应用案例，体现以职业能力为本位，以应用为核心，以"够用实用"为度的编写原则，以适应我国高等职业教育的发展和高素质技术技能人才培养的需要。

全书包括传感器技术和铁道车辆检测技术两部分内容，共 11 章。第 1 章传感器技术基础主要介绍了测量的基本概念、传感器的特性分析与传感器的选用。第 2 章至第 9 章分别介绍了电阻应变式传感器、电感式传感器、电容式传感器、压电式传感器、磁电式传感器、热敏传感器、光电式传感器、超声波传感器的工作原理、结构及应用。第 10 章传感器的信号处理与抗干扰主要介绍了传感器的基本电路单元、信号变换、干扰类型及产生和抗干扰技术。第 11 章铁道车辆检测技术主要介绍了车号自动识别系统及地对车车辆运行安全监控体系等。

本书由湖南铁道职业技术学院谢永超、严俊和湖南信息学院的房晓丽担任主编，湖南铁道职业技术学院石金艳、范芳洪、杨利、陈春棉担任副主编。其中，谢永超编写了第 1、2、3 章，严俊编写了第 4、5 章，房晓丽编写了第 6 章及附录，范芳洪编写了第 7 章，杨利编写了第 8、9 章，陈春棉编写了第 10 章，石金艳编写了第 11 章。本书的相关资料和售后服务可扫封底的微信二维码或与登录 www.bjzzwh.com 下载获得。

本书难免有疏漏和不当之处，敬请各位专家及读者不吝赐教。

编　者

目 录

第1章 传感器技术基础

本章导读

本章首先介绍测量的概念及测量的一般方法，然后介绍测量误差的分类及对测量结果进行误差分析的相关计算，最后介绍传感器的概念、分类、组成、特性及选用。

学习目标

- 熟悉测量方法的分类
- 掌握测量误差的分类及一般计算方法
- 掌握传感器的定义及组成
- 掌握传感器的基本特性及指标
- 理解传感器的标定

1.1　测量的基本知识

1.1.1　测量与测量方法

测量是人们借助专门的技术和设备，通过实验的方法，把被测量与作为单位的标准量进行比较，以确定被测量是标准量的多少倍数的过程。所得的倍数就是测量值，其大小可以用数字、曲线或图形表示，测量结果包括数值大小和测量单位两部分。

检测是意义更为广泛的测量。例如在自动化领域中，检测的任务不仅是对成品或半成品的检验和测量，而且为了检查、监督和控制某个生产过程或运动对象并使之处于给定的最佳状态，需要随时检查和测量各种参量的大小和变化等情况。在图 1-1 所示的工业检测控制系统中，工件的直径参数经传感器快速检测，经信号处理电路送进计算机，计算机对该参数进行一系列的运算、比较、判断后发出控制信号，送至研磨器控制器，控制研磨盘的水平运动，完成工件的加工。同时，将有关参数送到显示器显示出来。

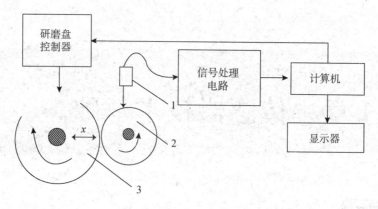

1—传感器；2—被研磨工件；3—研磨盘

图 1-1 工业检测控制系统

为了获得精确可靠的数据，选择合理的测量方法非常重要。测量方法多种多样，从不同的角度有不同的分类方法。

1. 电测法和非电测法

电测法在现代测量中被广泛采用。电测法是指在检测回路中含有测量信息的电信号转换环节，可以将被测的非电量转换为电信号输出。电测法可以获得很高的灵敏度和精确度，输出信号可实现远距离传输，便于实现测量过程的自动化、数字化和智能化。例如，电阻应变式传感器采用测量电桥，把应变电阻的变化转换成电压或电流信号输出。除电测法以外的测量方法都属于非电测法，如丈量土地、水银体温计测体温、弹簧管压力表测压力等。

2. 直接测量和间接测量

直接测量是用预先标定好的测量仪表直接读取被测量的测量结果，如用游标卡尺测量轴的直径，用电压表测量电阻两端的电压。间接测量则需要先测出中间量，利用被测量与中间量的函数关系再计算出被测量的数值，过程较为复杂。例如，通过测量物体的质量和体积求得物体的密度属于间接测量。

3. 静态测量和动态测量

根据被测量是否随时间变化，将测量方法分为静态测量和动态测量。静态测量是测量不随时间变化或变化很缓慢的物理量；动态测量则是测量随时间变化的物理量。例如，用光导纤维陀螺仪测量火箭的飞行速度和方向就属于动态测量，而超市中物品的称重则属于静态测量。需要注意的是，静态与动态是相对的，可以把静态测量看成动态测量的一种特殊方式。

4. 接触式测量和非接触式测量

根据测量时测量仪器是否与被测对象相互接触而划分为接触式测量和非接触式测量。例如，用热电偶测量温度属于接触式测量，不破坏被测对象的温度场，测量精确度高；利用辐射式温度传感器测量则属于非接触式测量，这种方法不会影响被测对象的运行工况，检测速度快。

5. 模拟式测量和数字式测量

根据测量结果的显示方式不同，测量方法可分为模拟式测量和数字式测量。模拟式测量是指测量结果可根据仪表指针在标尺上的定位进行连续读取的方法；数字式测量是指测量结果以数字的形式直接给出的方法。精密测量时多采用数字式测量。

此外，测量结果还可以用计算机屏幕画面的方式显示。例如，连续变化的曲线、数据表格、工艺流程图及各种动态数据等，可通过屏幕画面提供信息，实现对整个生产过程的监视与控制。

1.1.2 测量误差及其表示方法

在一定条件下，被测物理量客观存在的实际值称为真值。真值是一个理想的概念。

在实际测量时，由于实验方法和实验设备的不完善、周围环境的影响以及人们辨识能力所限等因素，使测量值与其真值之间不可避免地存在差异。测量值与真值之间的差值称为测量误差。测量误差可用绝对误差、相对误差和引用误差表示。

1. 绝对误差

绝对误差 Δx 是指测量值 x 与真值 L_0 之间的差值，即

$$\Delta x = x - L_0 \tag{1-1}$$

由于真值 L_0 的不可知性，在实际应用时，常用实际真值 L 代替，即用被测量多次测量的平均值或上级标准仪器的测量值作为实际真值 L，即

$$\Delta x = x - L \tag{1-2}$$

绝对误差是一个有符号、大小和量纲的物理量，它只表示测量值与真值之间的偏离程度和方向，而不能说明测量质量的好坏。

在实际测量中经常用到修正值。修正值 c 是指与绝对误差数值相等但符号相反的数值，即 $c = -\Delta x = L - x$。修正值给出的方式可能是具体数值、一条曲线、公式或数表。因此，实际值可通过测量值与修正值相加得到。

2. 相对误差

相对误差常用百分比来表示，一般多取正值。相对误差可分为实际相对误差、示值（标称）相对误差和最大引用（相对）误差等。

（1）实际相对误差 γ

实际相对误差是用测量值的绝对误差 Δx 与其实际真值 L 的百分比来表示的相对误差，即

$$\gamma = \frac{\Delta x}{L} \times 100\% \tag{1-3}$$

（2）示值（标称）相对误差 γ_x

示值（标称）相对误差是用测量值的绝对误差 Δx 与测量值 x 的百分比来表示的相对误差，即

$$\gamma_x = \frac{\Delta x}{x} \times 100\% \tag{1-4}$$

在检测技术中，由于相对误差能够反映测量技术水平的高低，因此更具有实用性。例如，测量两地距离为 1000km 的路程时，若测量结果为 1001km，则测量结果的绝对误差是 1km，示值相对误差约为 1‰；如果把 100m 长的一匹布量成 101m，尽管绝对误差只有 1m，与前者 1km 相比较小很多，但 1% 的示值相对误差却比前者 1‰ 大 10 倍，充分说明后者测量水平较低。

（3）引用（相对）误差 γ_m

引用（相对）误差是指测量值的绝对误差 Δx 与仪器量程 A_m 的百分比。引用误差的最大值叫做最大引用（相对）误差 γ_m，即

$$\gamma_m = \frac{|\Delta x|}{A_m} \times 100\% \tag{1-5}$$

由于式（1-5）中的分子、分母都由仪表本身所决定，因此人们经常使用最大引用误差评价仪表的性能。最大引用误差又称满度（引用）相对误差或仪表的基本误差，是仪表的主要质量指标。基本误差去掉百分号（%）后的数值定义为仪表的精度等级，规定取一系列标准值，通常用阿拉伯数字标在仪表的刻度盘上，等级数字外有一圆圈。我国目前规定的精度等级有 0.005、0.01、0.02、0.04、0.05、0.1、0.2、0.5、1.0、1.5、2.5、4.0、5.0 等级别。精度等级数值越小，测量精确度越高，仪表价格越贵。

由于仪表都有一定的精度等级，因此，其刻度盘的分格值不应小于仪表的允许误差（绝对误差）值，小于允许误差的分度是没有意义的。

在正常工作条件下使用时，工业上常用的各等级仪表的基本误差不超过表 1-1 所规定的值。

表 1-1　仪表的精度等级和基本误差

精度等级	0.1	0.2	0.5	1.0	1.5	2.5	4.0	5.0
基本误差	±0.1%	±0.2%	±0.5%	±1.0%	±1.5%	±2.5%	±4.0%	±5.0%

【**案例 1**】某温度计的量程范围为 0～500℃，校验时该表的最大绝对误差为 7℃，试确定其精度等级。

解：依据已知条件得到 $|\Delta x| = 7℃$，$A_m = 500℃$，代入式（1-5）中

$$\gamma_m = \frac{|\Delta x|}{A_m} \times 100\% = \frac{7}{500} \times 100\% = 1.4\%$$

计算得到引用相对误差为 1.4%，处于 1.0% 和 1.5% 之间，根据表 1-1 可知，该温度计的精度为 1.5 级。

1.1.3　测量误差的分类及来源

在测量过程中，由于被测量千差万别，影响测量工作的因素非常多，使得测量误差的表现形式也多种多样，因此测量误差有不同的分类方法。按误差表现的规律划分为系统误差、随机误差、粗大误差和缓变误差。

1. 系统误差

对同一被测量进行多次重复测量时，若误差固定不变或者按照一定规律变化，这种误差称为系统误差。系统误差主要是由于所使用的仪器仪表误差、测量方法不完善、各种环境因素波动以及测量者个体差异等原因造成的。

（1）系统误差的分类

按照所表现出来的规律，通常把系统误差划分为四类。

①固定不变的系统误差。固定不变的系统误差是指在重复测量中，数值大小和符号均不变的系统误差。多数是由于测量设备的缺陷或者采用了不适当的测量方法造成的。例如，天平砝码的质量误差等。固定不变的系统误差又叫恒值系统误差。

②线性变化的系统误差。线性变化的系统误差是指随着测量次数或时间的增加，数值按照一定比例而不断增加（或减少）的系统误美。例如，用齿轮流量计测量含有微小固体颗粒的液体时，由于磨损会使泄漏量越来越大，这样就产生了线性变化的系统误差。

③周期性变化的系统误差。周期性变化的系统误差是指数值和符号循环交替、重复变化的系统误差。例如，用热电偶在露天环境下测温时，其冷端温度随着昼夜温度的变化做周期性变化。若不进行冷端温度补偿，测量结果必然包含有周期性变化的系统误差。

④复杂规律变化的系统误差。复杂规律变化的系统误差是指既不随时间做线性变化，也不做周期性变化，而是按照复杂规律变化的系统误差。

线性、周期性或复杂规律变化的系统误差统称为变值系统误差。

系统误差反映了测量值偏离真值的程度，也可用"正确度"一词表征。

系统误差一般可通过实验或分析的方法，查明其变化的规律及产生的原因，因此，它是可以预测的，也是可以消除的。

（2）系统误差的发现

系统误差是由于被测量受到若干因素的显著影响而造成的，测量结果的影响也远比随机误差严重，因此必须想办法发现和消除系统误差的影响，把它降低到允许限度之内。

①实验比对法。用多台同类或相近的仪表对同一被测量进行测量，通过分析测量结果的差异来判断系统误差是否存在。例如，用天平和台秤称量同一物体，即可发现台秤存在的系统误差。

②残余误差观察法。残余误差（p_i）为某测量值（x_i）与测量值平均值（$\overline{x}$）的差值，即 $p_i = x_i - \overline{x}$。根据测量数据的各个残余误差大小和符号变化规律，可以直接由误差数据或误差曲线图形来判断有无系统误差。这种方法主要适用于发现有规律的系统误差。如图 1-2 所示，图 1-2（a）中 p_i 的绝对值很小，出现的正数和出现的负数也大体相当，且无显著变化规律，则认为不存在系统误差；图 1-2（b）中 p_i 的大小有规律地向一个方向变化，符号由正变负或由负变正，则存在线性变化的系统误差；图 1-2（c）中 p_i 的大小和符号基本不变，存在恒定系统误差；图 1-2（d）中 p_i 有规律地交替变化，则说明存在周期性变化的系统误差。

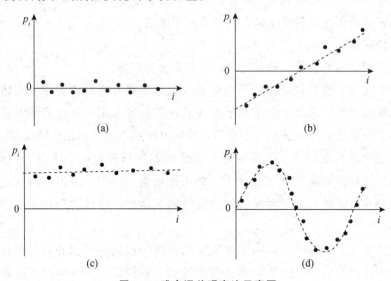

图 1-2　残余误差观察法示意图

③准则判别法。有许多准则可以方便地判断出系统误差的存在，如马利科夫准则可以判断测量列中是否存在线性变化系统误差；阿贝-林梅特准则可以判断测量列是否存在周期性变化系统误差等。

（3）系统误差的减小和消除方法

为了进行正确的测量并取得可靠的数据，在测量前或测量过程中，应尽量消除产生系统误差的来源，同时检查测量系统和测量方法本身是否正确。

①替代法。在测量条件不变的基础上，用标准量替代被测量，实现相同的测量效果，从而用标准量确定被测量。此法能有效地消除检测装置的系统误差。

②零位式测量法。测量时将被测量 x 与其已知的标准量 A 进行比较，调节标准量使两者的效应相抵消，系统达到平衡时，被测量等于标准量。

③补偿法。在传感器的结构设计中，常选用在同一干扰变量作用下所产生的误差数值相等而符号相反的零部件或元器件作为补偿元件。例如热电偶冷端温度补偿器的铜电阻。

④修正法。仪表的修正值已知时，将测量结果的指示值加上修正值，就可以得到

被测量的实际值。此法可削弱测量中的系统误差。

⑤对称观测法（交叉读数法）。许多复杂变化的系统误差，在短时间内可近似看做线性系统误差，在测量过程中，合理设计测量步骤以获取对称的数据，配以相应的数据处理程序，从而得到与该影响无关的测量结果。这是消除线性系统误差的有效方法。

⑥半周期偶数观测法。周期性系统误差的特点是每隔半个周期所产生的误差大小相等、符号相反。假设系统误差表现为正弦规律，在 t_1 时刻误差表示为 $\varepsilon_1 = \varepsilon_m \sin\omega t_1$，相隔半个周期的 t_2 时刻，即 $\omega t_2 = \omega t_1 + \pi$，误差 $\varepsilon_2 = \varepsilon_m \sin\omega t_2 = \varepsilon_m \sin(\omega t_1 + \pi) = -\varepsilon_m \sin\omega t_1$，取 t_1、t_2 两个时刻测量值的平均值，则测量结果中就不含有周期性系统误差了。

2. 随机误差

对同一被测量进行多次重复测量时，若误差的大小随机变化、不可预知，这种误差称为随机误差。随机误差是由很多复杂因素的微小变化引起的，尽管这些不可控微小因素中的一项对测量值的影响甚微，但这些因素的综合作用造成了各次测量值的差异。

（1）随机误差的统计特性

随机误差就单次测量而言是无规律的，其大小、方向均不可预知，既不能用实验的方法消除，也不能修正，但当测量次数无限增加时，该测量列中的各个测量误差出现的概率密度分布服从正态分布，即

$$f(\Delta x) = \frac{1}{\sigma\sqrt{2\pi}} e^{\frac{-(\Delta x)^2}{2\sigma^2}} \tag{1-6}$$

式中，$\Delta x = x - L$ 为测量值的绝对误差，σ 为分布函数的标准误差。

测量结果符合正态分布曲线的例子非常多。例如，某高校男生身高的分布、交流电源电压的波动等。由式（1-6）和图 1-3 不难看出，具有正态分布的随机误差具有对称性、单峰性、有界性和抵偿性等特征。

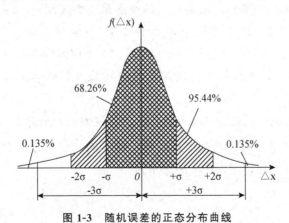

图 1-3　随机误差的正态分布曲线

（2）随机误差的估计

随机误差反映了测量结果的"精密度"，即各个测量值之间相互接近的程度。对式

(1-6) 分析后可以发现，当 σ 变化时，正态分布曲线的形状会随之改变。若 σ 变小，则曲线尖锐，说明小误差出现的概率增大，大误差出现的概率减小，测量值都集中在真值附近，这时测量值的离散程度小；反之，若 σ 增大，则曲线平坦，说明大误差和小误差出现的概率差异减小，测量值不是集中在真值附近，而是离散程度变大。这个现象说明 σ 值直接反映了测量结果的密集程度，因此常用 σ 值来表征测量的精密度。

当对某个量 x 进行无限次测量时，各次测量误差平方和的平均值的平方根称为均方根误差，也叫标准误差，即

$$\sigma = \sqrt{\frac{\sum_{i=1}^{n}(\Delta x)^2}{n}} = \sqrt{\frac{\sum_{i=1}^{n}(x_i - L_0)^2}{n}} \tag{1-7}$$

由于真值 L_0 未知，且实际测量中的测量次数为有限值，因此通常用测量值的算术平均值 $\overline{x}$ 替代真值 L_0，$\overline{x}$ 按下式计算：

$$\overline{x} = \frac{x_1 + x_2 + \cdots + x_n}{n} = \frac{1}{n}\sum_{i=1}^{n}x_i \tag{1-8}$$

这时均方根误差按下式计算：

$$\sigma_S = \sqrt{\frac{\sum_{i=1}^{n}(x_i - \overline{x})^2}{n-1}} = \sqrt{\frac{\sum_{i=1}^{n}p_i^2}{n-1}} \tag{1-9}$$

式中，p_i 称为残余误差（残差），它可表示为

$$p_i = x_i - \overline{x} \tag{1-10}$$

式 (1-9) 称为贝塞尔公式，是求 σ 值的近似公式。

在实际测量中，人们常关注测量值 x_i 在真值附近某一范围的概率大小，此范围一般取标准误差 σ 的若干倍 $k\sigma$ 的对称区间，即 $[-k\sigma, k\sigma]$，该区间称为置信区间或置信限，k 称为置信系数，习惯上 k 取整数。误差落在置信区间 $[-k\sigma, k\sigma]$ 的概率称为置信概率 P。$k=1$ 时，$P\{|\Delta x| \leqslant \sigma\} = 68.62\%$；$k=2$ 时，$P\{|\Delta x| \leqslant 2\sigma\} = 95.44\%$；$k=3$ 时，$P\{|\Delta x| \leqslant 3\sigma\} = 99.73\%$。由于误差出现在区间 $[-3\sigma, 3\sigma]$ 的概率已经达到 99.73%，可以认为某次测量的误差基本上都落在这个区间，因此可用 3σ 作为极限误差。

由于测量次数有限，因此 $\overline{x}$ 与 L_0 仍有一定的误差，$\overline{x}$ 只是 L_0 的估计值。某个测量列的 $\overline{x}$ 与另一个测量列的 $\overline{x}$ 之间也有区别，即 $\overline{x}$ 同样存在分散性问题。算术平均值的标准误差 $\overline{\sigma}$ 与测量值的标准误差 σ 的关系为

$$\overline{\sigma} = \frac{\sigma}{\sqrt{n}} \tag{1-11}$$

对于一个等精度的、独立的、有限的测量列来说，在没有系统误差和粗大误差的情况下，它的测量结果通常表示为

$$x = \overline{x} \pm 3\overline{\sigma}(P = 99.73\%) \tag{1-12}$$

应该指出，在任何一次测量中，系统误差和随机误差一般都是同时存在的，而且两者之间并不存在绝对的界限。

3. 粗大误差

测量结果明显偏离其实际值时所对应的误差称为粗大误差或疏忽误差，又叫过失误差。含有粗大误差的测量值称为坏值。

产生粗大误差的原因有操作者的失误、使用有缺陷的仪器、实验条件的突变等。正确的测量结果中不应包含粗大误差。

实际测量时必须根据一定的准则判断测量结果中是否包含有坏值，并在数据记录中将所有的坏值都予以剔除。同时，操作人员应加强工作责任心，对测量仪器进行经常性检查、维护、校验和修理等，以减少或消除粗大误差。

在无系统误差的条件下对被测量进行等精度测量后，若个别数据与其他数据有明显差异，则表明该数据可能包含粗大误差，这时应将其列为可疑数据。但可疑数据并不一定都是坏值，因此发现可疑数据时，要根据误差理论来决定取舍。

误差理论剔除坏值的基本方法是首先给定一个置信概率并确定一个置信区间，凡超出此区间的误差即认为它不属于随机误差而是粗大误差，应将该粗大误差所对应的坏值予以剔除。常用的拉依达准则（3σ 准则）规定：凡是随机误差大于 3σ 的测量值都认为是坏值，应予以剔除。

4. 缓变误差

数值随时间而缓慢变化的误差称为缓变误差，其主要是由于测量仪表零件老化、失效、变形等原因造成的。这种误差在短时间内不易察觉，但在较长时间后会显露出来。通常可以采用定期校验的方法及时修正缓变误差。

此外，测量误差还有其他的分类方法。

按被测量与时间的关系划分，测量误差可分为静态误差和动态误差。静态误差是指被测量稳定不变时所产生的测量误差。动态误差指被测量随时间迅速变化时，系统的输出量在时间上却跟不上输入的变化而产生的误差。例如，用水银温度计插入 100℃ 的沸水中，水银柱不可能立即上升到 100℃，此时读数必然产生动态误差。

按测量仪表的使用条件分类，可将误差分为基本误差和附加误差。基本误差是指传感器在标准条件下使用时所具有的误差，它属于系统误差。当使用条件偏离标准条件时，传感器必然在基本误差的基础上增加了新的系统误差，称为附加误差。

【案例 2】用千分尺对某零件长度进行 12 次等精度测量，测量数据如下：

x_i：20.46mm，20.52mm，20.50mm，20.52mm，20.48mm，20.47mm，20.50mm，20.49mm，20.47mm，20.49mm，20.51mm，20.51mm

假设系统误差已经基本消除，试进行误差分析，并写出最后的测量结果。

解：数据处理的过程如下：

（1）记录填表

将测量数据 x_i（$i=1$，2，3，$\cdots$，n）按照测量序号依次填在表格的第 1、2 列中，如表 1-2 所示。

表 1-2　测量结果的数据整理

i	x_i（mm）	p_i	$p_i{}^2$
1	20.46	−0.033	0.001 089
2	20.52	+0.027	0.000 729
3	20.50	+0.007	0.000 049
4	20.52	+0.027	0.000 729
5	20.48	−0.013	0.000 169
6	20.47	−0.023	0.000 529
7	20.50	+0.007	0.000 049
8	20.49	−0.003	0.000 009
9	20.47	−0.023	0.000 529
10	20.49	−0.003	0.000 009
11	20.51	+0.017	0.000 289
12	20.51	+0.017	0.000 289
$\sum\limits_{i=1}^{12} x_i = 245.92$ $\overline{x} \approx 20.493$		$\sum\limits_{i=1}^{12} p_i = 0.004 \approx 0$	$\sum\limits_{i=1}^{12} p_i{}^2 = 44.68 \times 10^{-4}$ $\sigma = \sqrt{\dfrac{\sum\limits_{i=1}^{12} p_i{}^2}{n-1}} = \sqrt{\dfrac{44.68 \times 10^{-4}}{11}} \approx 0.02$

（2）计算

①求出测量数据列的算术平均值 $\overline{x}$，填入表 1-2 中的第 2 列下面。

$$\overline{x} = \frac{1}{n}\sum_{i=1}^{n} x_i = \frac{1}{12}\sum_{i=1}^{n} x_i = \frac{1}{12} \times 245.92 \approx 20.493（\text{mm}）$$

②计算各测量值的残余误差 $p_i = x_i - \overline{x}$，并相应列入表 1-2 中的第 3 列。当计算无误时，理论上有 $\sum\limits_{i=1}^{n} p_i = 0$，但实际上，由于计算过程的四舍五入所引入的误差，此关系式通常不能满足。此处 $\sum\limits_{i=1}^{n} p_i = 0.004 \approx 0$。

③计算 $p_i{}^2$ 值并列在表 1-2 中的第 4 列。按贝赛尔公式计算出标准误差 σ 后，填入本列下面。

由于 $\sum p_i{}^2 = 44.68 \times 10^{-4}$，于是

$$\sigma = \sqrt{\frac{\sum_{i=1}^{12} p_i^{\ 2}}{n-1}} = \sqrt{\frac{44.68 \times 10^{-4}}{11}} \approx 0.02$$

（3）判别坏值

根据拉依达准则检查测量数据中有无坏值。如果发现坏值，应将坏值剔除，然后从第 2 步重新计算，直至数据列中不存在坏值。如果无坏值，则继续步骤（4）。

采用拉依达准则检查坏值，因为 $3\sigma = 0.06$，而所有测量值的残余误差 p_i 均满足 $|p_i| < 3\sigma$，显然数据中无坏值。

（4）列写最后的测量结果

①在确定不存在坏值后，计算算术平均值的标准误差 $\bar{\sigma}$。

$$\bar{\sigma} = \frac{\sigma}{\sqrt{n}} = \frac{0.02}{\sqrt{12}} \approx 0.06$$

②写出最后的测量结果：$x = \bar{x} \pm 3\bar{\sigma}$，并注明置信概率。

由于 $3\bar{\sigma} = 3 \times 0.006 = 0.018$，因此最后的测量结果写为

$$x = 20.493 \pm 0.018 (\text{mm})(p = 99.73\%)$$

1.2　传感器的特性分析与传感器的选用

1.2.1　传感器的组成及其分类

1. 传感器的组成

传感器就是能够感觉外界信息，并能按一定规律将这些信息转换成可用的输出信号的器件或装置。传感器的输入量通常指非电量，如物理量、化学量、生物量等；而输出量是便于传输、转换、处理、显示的物理量，主要是电量信号。例如，电容式传感器的输入量可以是力、压力、位移、速度等非电量信号，输出则是电压信号。

传感器一般由敏感元件、转换元件和转换电路三部分组成，如图 1-4 所示。

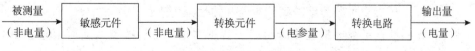

图 1-4　传感器组成框图

（1）敏感元件

敏感元件是传感器中能直接感受被测量的部分，即直接感受被测量，其输出与被测量成确定关系的某一物理量。例如弹性敏感元件将压力转换为位移，且压力与位移之间保持一定的函数关系。

（2）转换元件

转换元件是传感器中将敏感元件输出量转换为适于传输和测量的电信号部分。例如，应变式压力传感器中的电阻应变片将应变转换成电阻的变化。

（3）转换电路

转换电路将电量参数转换成便于测量的电压、电流、频率等电量信号。例如，交、直流电桥，放大器，振荡器，电荷放大器等。

需要注意的是，并不是所有的传感器必须同时包括敏感元件和转换元件。如果敏感元件直接输出的是电量，它就同时兼为转换元件，如热电偶；如果转换元件能直接感受被测量而输出与之成一定关系的电量，传感器就没有敏感元件，如压电元件。

2. 传感器的分类

传感器千差万别、种类繁多，分类方法也不尽相同，常用的分类方法有如下几种。

（1）按被测物理量分类

传感器按被测物理量可分为温度、压力、流量、物位、加速度、磁场、光通量等传感器。这种分类方法明确表明了传感器的用途，便于选用。如压力传感器用于测量压力信号。

（2）按传感器工作原理分类

传感器按工作原理可分为电阻传感器、热敏传感器、光敏传感器、电容传感器、电感传感器、磁电传感器等，这种方法表明了传感器的工作原理，有利于传感器的设计和应用。例如，电感传感器就是将被测量转换成电感值的变化。

（3）按传感器转换能量供给形式分类

传感器按转换能量供给形式分为能量变换型（发电型）和能量控制型（参量型）两种。

能量变换型传感器在进行信号转换时不需要另外提供能量，就可将输入信号能量变换为另一种形式的能量输出。例如，热电偶传感器、压电式传感器等。

能量控制型传感器工作时必须有外加电源，如电阻、电感、电容、霍尔式传感器等。

（4）按传感器工作机理分类

传感器按工作机理可分为结构型传感器和物性型传感器。

结构型传感器是指被测量变化时引起了传感器结构发生改变，从而引起输出电量变化。例如，电容压力传感器当外加压力变化时，电容极板发生位移而使结构改变，从而引起电容值和输出电压发生变化。

物性型传感器是利用物质的物理或化学特性随被测参数变化而改变的工作原理。一般没有可动结构部分，易小型化，如各种半导体传感器。

习惯上常把工作原理和用途结合起来命名传感器，如电容式压力传感器、电感式位移传感器等。

3. 传感器的一般要求

由于各种传感器的原理、结构不同，使用环境、条件、目的不同，其技术指标也不可能相同，但是一般要求却基本上是共同的。

(1) 足够的容量。传感器的工作范围或量程足够大，具有一定的过载能力。

(2) 灵敏度高，精度适当。即要求其输出信号与被测信号成确定的关系（通常为线性），且比值要大；传感器的静态响应与动态响应的准确度能满足要求。

(3) 响应速度快，工作稳定，可靠性好。

(4) 使用性和适应性强。体积小，重量轻，动作能量小，对被测对象的状态影响小；内部噪声小而又不易受外界干扰的影响；其输出力求采用通用或标准形式，以便与系统对接。

(5) 使用经济。成本低，寿命长，且便于使用、维修和校准。

当然，能完全满足上述性能要求的传感器是很少的。我们应根据应用的目的、使用环境、被测对象状况、精度要求和原理等具体条件作全面综合考虑。

1.2.2　传感器的静态特性与指标

传感器的基本特性是指传感器的输出与输入之间的关系。传感器测量的参数一种是不随时间而变化（或变化极其缓慢）的稳态信号，另一种是随时间而变化的动态信号。因此传感器的基本特性分为静态特性和动态特性。

传感器的静态特性是指传感器输入信号处于稳定状态时，其输出与输入之间呈现的关系，表示为

$$y = k_0 + k_1 x + k_2 x^2 + \cdots + k_n x^n \tag{1-13}$$

式中，y 为传感器输出量，x 为传感器输入量，k_0 为传感器的零位输出，k_1 为传感器的灵敏度，k_2、k_3、$\cdots$、k_n 为非线性项系数。

静态特性指标主要有精确度、稳定性、灵敏度、线性度、迟滞和可靠性等。

1. 精密度、准确度和精确度

精确度是反映测量系统中系统误差和随机误差的综合评定指标。与精确度有关的指标有精密度和准确度。

(1) 精密度。精密度反映测量系统指示值的分散程度，精密度高则随机误差小。

(2) 准确度。反映测量系统的输出值偏离真值的程度，准确度高则系统误差小。

(3) 精确度。精确度是准确度与精密度两者的总和，常用仪表的基本误差表示。精确度高表示精密度和准确度都高。

图 1-5 中的射击例子有助于对准确度、精密度和精确度三个概念的理解。图 1-5 (a) 表示准确度高而精密度低；图 1-5 (b) 表示精密度高而准确度低；图 1-5 (c) 表示准确度和精密度都高，即精确度高。

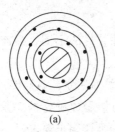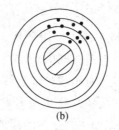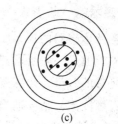

(a)　　　　　　　　(b)　　　　　　　　(c)

图 1-5　射击的例子

2. 稳定性

传感器的稳定性常用稳定度和影响系数表示。

（1）稳定度

稳定度是指在规定工作条件范围和规定时间内，传感器性能保持不变的能力。传感器在工作时，内部随机变动的因素很多。例如发生周期性变动、漂移或机械部分的摩擦等都会引起输出值的变化。

稳定度一般用重复性的数值和观测时间的长短表示。例如，某传感器输出电压值每小时变化 1.5mV，可写成稳定度为 1.5mV/h。

（2）影响系数

影响系数是指由于外界环境变化引起传感器输出值变化的量。一般传感器都有给定的标准工作条件，如环境温度 20℃、相对湿度 60%、大气压力 101.33kPa、电源电压 220V 等。而实际工作条件通常会偏离标准工作条件，这时传感器的输出也会发生变化。

影响系数常用输出值变化量与影响变化量的比值表示，如某压力表的温度影响系数为 200Pa/℃，即表示环境温度每变化 1℃时，压力表的示值变化 200Pa。

3. 灵敏度

灵敏度 k 是指传感器在稳态下输出变化量 Δy 与输入变化量 Δx 的比值，即

$$k = \frac{dy}{dx} = \frac{\Delta y}{\Delta x} \tag{1-14}$$

显然灵敏度表示静态特性曲线上相应点的斜率。线性传感器的灵敏度为常数，非线性传感器的灵敏度随着输入量的变化而变化，如图 1-6 所示。

灵敏度的量纲取决于传感器输入、输出信号的量纲。例如，压力传感器灵敏度的量纲可表示为 mV/Pa。对于数字式仪表，灵敏度以分辨力表示。所谓分辨力是指数字式仪表最后一位数字所代表的值。一般分辨力数值小于仪表的最大绝对误差。

实际测量时，一般希望传感器的灵敏度高。且在满量程范围内保持恒定值，即传感器的静态特性曲线为直线。

【案例 3】某线性位移测量仪，当被测位移由 4.5mm 变到 5.0mm 时，位移测量仪的输出电压由 2.5V 增至 3.5V，求该仪器的灵敏度。

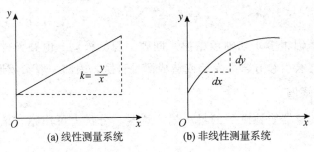

图 1-6　灵敏度定义

$$k = \frac{dy}{dx} = \frac{\Delta y}{\Delta x} = \frac{3.5\text{V} - 2.5\text{V}}{5\text{mm} - 4.5\text{mm}} = 2\text{V/mm}$$

4. 线性度

线性度 γ_L 又称非线性误差，是指传感器实际特性曲线和其理论拟合直线之间的最大偏差 $\Delta L_{\max}$ 与传感器满量程输出 Y_{FS} 的百分比，即

$$\gamma_L = \frac{\Delta L_{\max}}{y_{FS}} \times 100\% \qquad (1\text{-}15)$$

理论拟合直线选取方法不同，线性度的数值就不同。在图 1-7 中，将传感器的零点与对应于最大输入量的最大输出值点（满量程点）连接起来的直线叫端基直线，相应的线性度称为端基线性度。

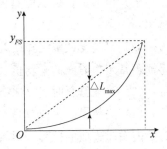

图 1-7　传感器线性度示意图

人们总是希望线性度越小越好，即传感器的静态特性接近于拟合直线，这时传感器的刻度是均匀的，读数方便且不易引起误差，容易标定。检测系统的非线性误差多采用计算机来纠正。

5. 迟滞

迟滞 ε_H 是指传感器在正（输入量增大）、反（输入量减小）行程中输出曲线不重合的现象，也叫回程误差，如图 1-8 所示。

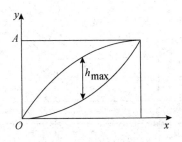

图 1-8　传感器迟滞示意图

迟滞用正、反行程输出值间的最大差值 $h_{\max}$ 与满量程输出的 A 百分比表示，即

$$\varepsilon_H = \pm \frac{h_{max}}{A} \times 100\% \qquad (1\text{-}16)$$

造成迟滞的原因很多，如轴承摩擦、间隙、螺钉松动、电路元件老化、工作点漂移、积尘等。迟滞会引起分辨力变差或造成测量盲区，因此一般希望迟滞越小越好。

6. 分辨力和阈值

分辨力是指传感器能检测到的最小输入增量。分辨力可用绝对值表示，也可用与满量程的百分数表示。

阈值是指当一个传感器的输入从零开始极缓慢地增加，只有再达到了某一最小值后，才测得出输出变化，这个最小值就称为传感器的阈值。事实上阈值是传感器在零点附近的分辨力。分辨力说明了传感器最小可测出的输入变量，而阈值则说明了传感器最小可测出的输入量。阈值大的传感器其迟滞误差一定大，而分辨力未必差。

7. 可靠性

可靠性是指传感器或检测系统在规定工作条件和规定时间内具有正常工作性能的能力。它是一种综合性的质量指标，包括可靠度、平均无故障工作时间、平均修复时间和失效率。

（1）可靠度。可靠度是传感器在规定的使用条件和工作周期内达到所规定性能的概率。

（2）平均无故障工作时间（MTBF）。平均无故障工作时间指相邻两次故障期间传感器正常工作时间的平均值。

（3）平均修复时间（MTTR）。平均修复时间指排除故障所花费时间的平均值。

（4）失效率。失效率是指在规定的条件下工作到某个时刻，检测系统在连续单位时间内发生失效的概率。对可修复性的产品，又叫故障率。

如图 1-9 所示，失效率是时间的函数，一般分为早期失效期、偶然失效期和衰老失效期三个阶段。

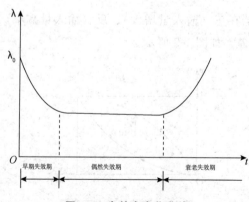

图 1-9　失效率变化曲线

1.2.3　传感器的动态特性与指标

　　传感器的动态特性是指传感器对于随时间变化的输入信号的响应特性。通常希望传感器的输出信号和输入信号随时间的变化曲线一致或相近，但实际上两者总是存在着差异，因此必须研究传感器的动态特性。

　　研究传感器的动态特性首先要建立动态模型，动态模型有微分方程、传递函数和频率响应函数，可以分别从时域、复数域和频域对系统的动态特性及规律进行研究。

　　系统的动态特性取决于系统本身及输入信号的形式，工程上常用正弦函数和单位阶跃函数作为标准的输入信号。通常在时域主要分析传感器在单位阶跃输入下的响应；而在频域主要分析在正弦输入下的稳态响应，并着重从系统的幅频特性和相频特性来讨论。

1. 传感器阶跃响应

传感器的动态模型可以用线性常系数微分方程表示，即

$$a_n \frac{d^n y}{dt^n} + a_{n-1} \frac{d^{n-1} y}{dt^{n-1}} + \cdots + a_1 \frac{dy}{dt} + a_0 y$$

$$= b_m \frac{d^m x}{dt^m} + b_{m-1} \frac{d^{m-1} x}{dt^{m-1}} + \cdots + b_1 \frac{dx}{dt} + b_0 x \tag{1-17}$$

　　式中，a_0、a_1、$\cdots a_n$，b_0、b_1、$\cdots$、b_m 是取决于传感器参数的常数，一般 $b_1 = b_2 = \cdots = b_m = 0$，而 $b_0 \neq 0$。若 $n = 0$，则传感器为零阶系统；若 $n = 1$，则传感器为一阶系统；若 $n = 2$，则传感器为二阶系统；若 $n \geqslant 3$ 时，则传感器称为高阶系统。

　　当传感器输入一个单位阶跃信号 $u(t)$ 时，其输出信号称为阶跃响应。常见的一阶、二阶传感器阶跃响应曲线如图 1-10 所示，主要动态指标包括：

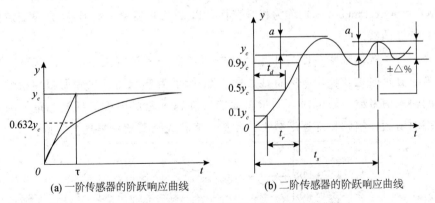

(a) 一阶传感器的阶跃响应曲线　　　(b) 二阶传感器的阶跃响应曲线

图 1-10　常见的一阶、二阶传感器阶跃响应曲线

　　（1）时间常数 τ。时间常数指传感器输出 $y(t)$ 由零上升到稳态值的 63.2％所需的时间，如图 1-10（a）所示。

　　（2）上升时间 t_r。上升时间指传感器输出 $y(t)$ 由稳态值的 10％上升到 90％所需

的时间，如图 1-10（b）所示。

（3）调节时间 t_s。调节时间指传感器输出 y（t）由零上升达到并一直保持在允许误差范围 $\pm\Delta\%$ 所需的时间。$\pm\Delta\%$ 可以是 $\pm2\%$、$\pm5\%$ 或 $\pm10\%$，根据实际情况确定。

（4）最大超调量 a。输出最大值 y_{max} 与输出稳态值 y_c 的相对误差叫做最大超调量，即

$$a = \frac{y_{max} - y_c}{y_c} \times 100\% \tag{1-18}$$

（5）振荡次数 N。振荡次数指调节时间内输出量在稳态值附近上下波动的次数。

（6）稳态误差 e_{ss}。无限长时间后传感器的稳态输出值 y_c 与目标值 y_0 之间的相对值叫稳态误差，即

$$e_{ss} = \frac{y_c - y_0}{y_c} \times 100\% \tag{1-19}$$

2. 传感器频率响应

将各种频率不同而幅值相等的正弦信号输入到传感器，其输出正弦信号的幅值、相位与频率之间的关系称为频率响应特性。频率响应特性可用频率响应函数表示，它由幅频特性和相频特性组成。

由控制理论可知，传感器的频率响应函数为

$$G(j\omega) = \frac{b_m(j\omega)^m + b_{m-1}(j\omega)^{m-1} + \cdots + b_1(j\omega) + b_0}{a_n(j\omega)^n + a_{n-1}(j\omega)^{n-1} + \cdots + a_1(j\omega) + a_0} \tag{1-20}$$

幅频特性：频率响应特性 G（$j\omega$）的模，即输出与输入的幅值比 A（ω）$= |G$（$j\omega$）$|$ 称为幅频特性。以 ω 为自变量、A（ω）为因变量的曲线称为幅频特性曲线。

相频特性：频率响应特性 G（$j\omega$）的相角 φ（ω），即输出与输入的相位差 φ（ω）$=-\arctan G$（$j\omega$）称为相频特性。以 ω 为自变量、φ（ω）为因变量的曲线称为相频特性曲线。

最小相位系统的幅频特性与相频特性之间存在一一对应关系，因此在进行传感器的频率响应分析时主要使用幅频特性。图 1-11 所示为典型测量仪表的幅频特性。当测量仪表的输入信号频率较低时，测量仪表能够在精度范围内检测到被测量。随着输入信号频率的增大，幅频特性逐渐减小，测量仪表将无法等比例复现被测量。

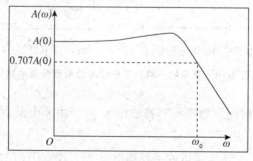

图 1-11　测量仪表幅频特性

幅频特性中对应于幅值为 0.707A（0）时的频率称为截止频率 ω_0。对应的频率范围 $0 \leqslant \omega \leqslant \omega_0$ 称为频带宽度，频带宽度反映了测量仪表对快变信号的监测能力。

1.2.4 传感器的标定

任何一种传感器在装配完成后都必须按设计指标进行全面严格的性能鉴定。使用一段时间后或经过修理，也必须对主要技术指标进行校准试验，以便确保传感器的各项性能指标达到要求。传感器标定就是利用精度高一级的标准器具对传感器进行定度的过程，从而确立传感器输出量和输入量之间的对应关系。同时也确定不同使用条件下的误差关系。

传感器的标定分为静态标定和动态标定两种。

1. 传感器的静态标定

静态标定是为了确定传感器的静态特性指标，如线性度、灵敏度和迟滞等。静态标定首先需要建立静态标定系统，其次要选择与被标定传感器的精度相适应的一定等级的标定用仪器设备。如图 1-12 所示，为应变式测力传感器静态标定设备系统框图。测力机用来产生标准力，高精度稳压电源经精密电阻箱衰减后向传感器提供稳定的电源电压，其值由数字电压表读取，传感器的输出由高精度数字电压表读出。

传感器的静态指标系统一般由以下几部分组成：

（1）被测物理量标准发生器，如测力机。

（2）被测物理量标准测试系统，如标准力传感器、压力传感器、标准长度量规等。

（3）被标定传感器所配接的信号调节器和显示器、记录器等。所配接的仪器精度应是已知的，也作为标准测试设备。

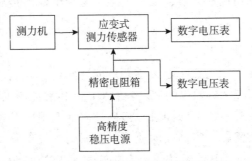

图 1-12 应变式测力传感器静态标定系统

各种传感器的标定方法不同，常用力、压力、位移传感器标定。具体标定步骤如下：

（1）将传感器全量程（测量范围内）分成若干等间距点。

（2）根据传感器量程分点情况，由小到大按等间距递增方式输入相应的标准量，并记录与各输入值相对应的输出值。

（3）将输入值由大到小一点一点地递减，同时记录与各输入值相对应的输出值。

（4）按照（2）、（3）的步骤，对传感器进行正、反行程反复循环多次测试，将得到的输出/输入测试数据用表格列出或绘制成曲线。

（5）对测试数据进行必要的整理，根据处理结果就可以确定传感器的线性度、灵敏度和迟滞等静态特性指标。

2. 动态标定

在对传感器进行动态特性分析和标定时，为便于比较和评价，通常采用正弦变化和阶跃变化的输入信号。如前所述，采用阶跃输入信号研究传感器时域动态性能时，常用上升时间、响应时间和超调量等参数描述；采用正弦输入信号研究传感器频域动态性能时，常采用幅频特性和相频特性来描述。动态标定所采用的设备和标定过程都要比静态标定复杂。

传感器的校准是指通过定期检测传感器基本的性能参数，确定其是否可以继续使用。若能继续使用，则应对其有变化的主要性能指标进行数据修正，以确保传感器的测量精度。传感器的校准与标定的内容基本相同。

1.2.5 传感器的选用

传感器处于检测系统的输入端，一个检测系统性能的优劣，关键在于正确、合理地选择传感器，而传感器的种类繁多，性能又千差万别，对某一被测量通常会有多种不同工作原理的传感器可供使用。如何根据测试目的和实际条件合理地选用最适宜的传感器，是人们经常会遇到的问题。

由于传感器的精度高低、性能好坏直接影响到整个自动检测系统的品质和运行状态，因此，选用传感器时应首先考虑这些因素；其次，在传感器满足所有性能指标要求的情况下，应考虑选用成本低廉、工作可靠、易于维修的传感器，以期达到理想的性能价格比。

1. 灵敏度

众所周知，灵敏度高，则意味着传感器所能感知的变化量小，即被测量稍有一微小变化时，传感器就有较大的输出响应。一般来讲，传感器的灵敏度越高越好。

但是传感器在采集有用信号的同时，其自身内部或周围存在着各种与测量信号无关的噪声，若传感器的灵敏度很高，即使是很微弱的干扰信号也很容易被混入，并且会随着有用信号一起被电子放大系统放大，显然这不是测量目标所希望出现的。因此，这时更要注意的是选择高信噪比的传感器，既要求传感器本身噪声小，又不易从外界引进干扰噪声。

传感器的量程范围与灵敏度有关。当输入量增大时，除非有专门的非线性校正措施，否则传感器是不应当进入非线性区域的，更不能进入饱和区。当传感器工作在既有被测量又有较强干扰量的情况下，过高的灵敏度反而会缩小传感器适用的测量范围。

2. 线性范围

传感器理想的静态特性是在很大测量范围内输出与输入之间保持好的线性关系。

但实际上，传感器只能在一定范围内保持线性关系。线性范围越宽，表明传感器的工作量程越大。传感器工作在线性区内是保证测量精确度的基本条件，否则就会产生非线性误差。而在实际中，传感器绝对工作在线性区是很难保证的，也就是说，在许可的限度内，也可以工作在近似线性的区域内。因此，在选用时必须考虑被测量的变化范围，使其非线性误差在允许范围之内。

3. 响应特性

通常希望传感器的输出信号和输入信号随时间的变化曲线相一致或基本相近，但在实际中很难做到这一点，延迟通常是不可避免的，但总希望延迟时间愈短愈好。

选用的传感器动态响应时间越小，延迟就越小。同时还应充分考虑到被测量的变化特点（如温度的惯性通常很大）。

4. 稳定性

影响传感器稳定性的因素是环境和时间。工作环境的温度、湿度、尘埃、油剂、振动等影响，会使传感器的输出发生改变，因此要选用适合于其使用环境的传感器，同时还要求传感器能长期使用而不需要经常更换或校准。

5. 精确度

传感器的精确度是反映传感器能否真实反映被测量的一个重要指标，关系到整个测量系统的性能，精确度高，则说明测量值与其真值越接近。但并不是在任何情况下都必须选择高精度的传感器。这是因为传感器的精确度越高，其价格就越高。如果一味追求高精度，必然会造成不必要的浪费。因此在选用传感器时，首先应明确测试目的。若属于相对比较的定性试验研究，只需获得相对比较值即可时，就不必选用高精度的传感器；若要求获得精确值或对测量精度有特别要求时，则应选用高精度的传感器。

6. 测试方式

传感器在实际条件下的工作方式也是选用传感器时应考虑的重要因素。例如，是接触测量，还是非接触测量？是在线测试，还是非在线测试？是破坏性测试，还是非破坏性测试？等等。

在线测试是一种与实际情况更接近一致的测试方式，尤其在许多自动化过程的检测与控制中，通常要求真实性和可靠性，而且必须在现场条件下才能达到检测要求。实现在线测试是比较困难的，对传感器与检测系统都有一定的特殊要求，因此应选用适合于在线测试的传感器，这类传感器也正在不断被研制出来。

以上是传感器选用时应考虑的一些主要因素。此外，还应尽可能兼顾结构简单、体积小、重量轻、价格便宜、易于维护、易于更换等特点。

【案例4】现有0.5级的量程为0～300℃和1.0级的量程为0～100℃的两个温度计，欲测量80℃的温度，试问选用哪一个温度计好？为什么？

解：（1）0.5级温度计测量时可能出现的最大绝对误差、测量80℃可能出现的最

大示值相对误差分别为

$$|\Delta x_{m1}| = \gamma_{m1} \cdot A_{m1} = 0.5\% \times (300-0) = 1.5℃$$

$$\gamma_{x1} = \frac{|\Delta x_{m1}|}{x} \times 100\% = \frac{1.5}{80} \times 100\% = 1.875\%$$

（2）1.0级温度计测量时可能出现的最大绝对误差、测量80℃时可能出现的最大示值相对误差为

$$|\Delta x_{m2}| = \gamma_{m2} \cdot A_{m2} = 1.0\% \times (100-0) = 1℃$$

$$\gamma_{x2} = \frac{|\Delta x_{m2}|}{x} \times 100\% = \frac{1}{80} \times 100\% = 1.25\%$$

计算结果 $\gamma_{x1} > \gamma_{x2}$，显然用1.0级温度计比0.5级温度计测量时示值相对误差反而小。因此在选用仪表时，不能单纯追求高精度，而是应兼顾精度等级和量程，最好使测量值落在仪表满度值的2/3以上区域内。

1.2.6　传感器的发展趋势

当今，传感器技术的主要发展动向，一是开展基础研究，重点研究传感器的新材料和新工艺；二是实现传感器的智能化和集成化。

（1）发现新现象，开发新材料。新现象、新原理、新材料是发展传感器技术，研究新型传感器的重要基础，每一种新原理、新材料的发现都会伴随着新的传感器种类的诞生。

（2）集成化，多功能化。传感器的集成化积极地应用了半导体集成电路技术及其开发思想用于传感器制造。如采用厚膜和薄膜技术制作传感器；采用微细加工技术制作微型传感器等。

（3）向未开发的领域挑战。迄今为止，正大力研究、开发的传感器大多为物理传感器，今后应积极开发研究化学传感器和生物传感器。特别是智能机器人技术的发展，需要研制各种模拟人的感觉器官的传感器，如已有的机器人力觉传感器、触觉传感器、味觉传感器等。

（4）智能传感器。具有判断能力、学习能力的传感器。事实上是一种带微处理器的传感器，它具有检测、判断和信息处理功能。如美国霍尼韦尔公司制作的ST-3000型智能传感器，采用半导体工艺，在同一芯片上制作CPU、EPROM和静态压力、压差、温度三种敏感元件。

本章小结

本章主要讲述了测量的基本知识、传感器特性分析与传感器选用。本章知识点如下：

（1）测量的方法有电测法和非电测法、直接测量和间接测量、静态测量和动态测量、接触式测量和非接触式测量、模拟式测量和数字式测量。

　　（2）测量误差可用绝对误差、相对误差和引用误差表示。

　　（3）按误差表现的规律划分，测量误差可分为系统误差、随机误差、粗大误差和缓变误差。

　　（4）传感器一般由敏感元件、转换元件和转换电路三部分组成。

　　（5）传感器的基本特性分为静态特性和动态特性。

　　传感器的静态特性是指传感器输入信号处于稳定状态时，其输出与输入之间呈现的关系。静态特性指标主要有精确度、稳定性、灵敏度、线性度、迟滞和可靠性等。传感器的动态特性是指传感器对于随时间变化的输入信号的响应特性。系统的动态特性取决于系统本身及输入信号的形式，工程上常用正弦函数和单位阶跃函数作为标准的输入信号。

　　（6）传感器的选用及其发展趋势。

本章习题

一、填空题

　　1. 测量方法根据被测量是否随时间变化，可分为两种，即 _____ 和 _____。去超市购买苹果称重属于 _____，行驶中的汽车的测速属于 _____。

　　2. 测量值与真值之间的差值称为 _____。

　　3. 对同一被测量进行多次重复测量时，若误差固定不变或者按照一定规律变化，这种误差称为 _____。

　　4. 传感器一般由 _____、_____ 和 _____ 三部分组成。

　　5. 传感器在稳态下输出变化量与输入变化量的比值称为 _____。

　　6. 在传感器的静态特性指标中，在正（输入量增大）、反（输入量减小）行程中输出曲线不重合的现象称为 _____。

二、简答题

　　1. 测量误差有几种表示方法？

　　2. 误差按照表现出来的规律主要分为哪几种？它们各有何特点？

　　3. 传感器一般由哪几部分组成？各有何作用？

　　4. 传感器的静态和动态特性技术指标有哪些？说说各个指标的含义。

　　5. 传感器的选用主要考虑哪些因素？

　　6. 简述传感器静态标定的具体步骤。

三、计算与分析题

1. 被测温度为 400℃。现有量程为 0～500℃、精度为 1.5 级和量程为 0～1000℃、精度为 1.0 级的温度仪表各一块，问：选用哪一块仪表测量更好？请说明原因。

2. 已知某差压变送器，其理想特性曲线为

$$U = 8x \quad (U \text{ 为输出，} x \text{ 为位移})$$

该差压变送器的实际测量数据如下表 1-3 所示。

表 1-3　差压变送器实测数据

x/mm	0	1	2	3	4	5
U/mV	0.1	8.0	16.2	24.3	31.6	39.8

若该指示仪表的量程为 50mV，请指出仪表的精度等级。

3. 假若用一压力表对容器内的压力进行了 10 次等精度测量，获得测量数据分别为 1.23、1.17、1.18、1.23、1.24、1.19、1.18、1.17、1.19、1.22（单位为 MPa）。试对该测量数据进行处理，并写出最后的测量结果。

第2章 电阻应变式传感器

本章导读

电阻应变式传感器的工作原理是将被测量的变化转换成电阻值的变化，再经过转换电路变成电信号输出。电阻应变式传感器具有结构简单、使用方便、性能稳定、可靠、灵敏度高和测量速度快等诸多优点，被广泛应用于航空、机械、电力、化工、建筑、医学等众多领域，常用于力、压力、应变、位移、扭矩、加速度等参数测量，是目前使用最广泛的传感器之一。

学习目标

- 掌握电阻应变片的种类与结构
- 掌握电阻应变效应
- 掌握电阻应变式传感器的测量电路
- 掌握应变片的温度补偿原理和措施
- 了解电阻应变式传感器的应用

2.1 电阻的应变效应

导电材料的电阻与材料的电阻率、几何尺寸（长度与截面积）有关，在外力作用下发生机械变形，引起该导电材料的电阻值发生变化，这种现象称为电阻应变效应。

设有一段长为 l，截面积为 A，电阻率为 ρ 的导体（如金属丝），导体受拉伸后的参数变化如图 2-1 所示。它在未受外力时的原始电阻为

$$R = \rho \frac{l}{A} = \rho \frac{l}{\pi r^2} \tag{2-1}$$

当金属丝受拉时，其长度、横截面积、电阻率变化时，必然引起金属丝电阻变化，其电阻变化量为

$$dR = \frac{\rho}{A} dl - \frac{\rho l}{A^2} dA + \frac{l}{A} d\rho \tag{2-2}$$

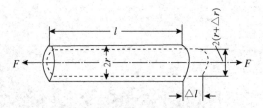

图 2-1　导体受拉伸后的参数变化

式中，dl 为长度变化量，dA 为横截面积变化量，$d\rho$ 为电阻率变化量。

在式（2-2）两边分别除以式（2-1），得到

$$\frac{dR}{R} = \frac{dl}{l} - \frac{dA}{A} + \frac{d\rho}{\rho} \tag{2-3}$$

由 $A = \pi r^2$（r 为金属丝半径），得 $dA = 2\pi r dr$，所以

$$\frac{dR}{R} = \frac{dl}{l} - 2\frac{dr}{r} + \frac{d\rho}{\rho} \tag{2-4}$$

则

$$\frac{dR}{R} = \varepsilon_x - 2\varepsilon_y + \frac{d\rho}{\rho} \tag{2-5}$$

式中，$\dfrac{dl}{l} = \varepsilon_x$ 为金属丝的轴向应变量，$\dfrac{dr}{r} = \varepsilon_y$ 为金属丝的径向应变量。

根据材料力学原理，金属丝受拉时，沿轴向伸长，而沿径向缩短，二者之间应变的关系为

$$\varepsilon_y = -\mu\varepsilon_x \tag{2-6}$$

式中，μ 为金属丝材料的泊松系数。

将式（2-6）代入式（2-5），可以得到

$$\frac{dR}{R} = (1 + 2\mu)\varepsilon_x + \frac{d\rho}{\rho} \tag{2-7}$$

对于金属导体或半导体，式（2-7）中右边末项 $\dfrac{d\rho}{\rho}$ 是不一样的，分别讨论如下：

1. 金属导体的应变效应

勃低特兹明通过实验研究发现，金属材料的电阻率相对变化与体积相对变化之间有如下关系：

$$\frac{d\rho}{\rho} = C\frac{dV}{V} \tag{2-8}$$

式中，C 是由一定的材料和加工方式决定的常数。

$$\frac{dV}{V} = \frac{dl}{l} + \frac{dA}{A} = (1 - 2\mu)\varepsilon_x \tag{2-9}$$

代入（2-7），可得

$$\frac{dR}{R} = [(1+2\mu) + C(1-2\mu)]\varepsilon_x = k_m\varepsilon_x \qquad (2\text{-}10)$$

式中，$k_m = (1+2\mu) + C(1-2\mu)$，为金属丝材料的应变灵敏系数（简称灵敏系数）。

式（2-10）表明：金属材料的电阻相对变化与其线应变成正比。这就是金属材料的电阻应变效应。

对于金属材料，应变灵敏度系数 $k_m = (1+2\mu) + C(1-2\mu)$ 由两部分组成：前一部分 $1+2\mu$ 为受力后金属丝几何尺寸变化所致，一般金属 $\mu \approx 0.3$，因此 $1+2\mu \approx 1.6$；后一部分 $C(1-2\mu)$ 为电阻率随应变而变的部分。以康铜为例，$C \approx 1$，$C(1-2\mu) \approx 0.4$，所以此时 $k_m \approx 2.0$。显然金属丝材料的应变电阻效应以结构尺寸变化为主。对其他金属或合金，$k_m \approx 1.8 \sim 4.8$。

2. 半导体材料的应变效应

史密兹等学者很早就发现，锗、硅等单晶半导体材料受到应力作用时，其电阻率会发生变化，这种现象称为压阻效应。半导体材料的压阻效应为

$$\frac{d\rho}{\rho} = \pi\sigma = \pi E\varepsilon_x \qquad (2\text{-}11)$$

式中，σ 为作用于材料的轴向力，$\sigma = E\varepsilon_x$，π 为半导体材料在受力方向上的压阻系数，E 为半导体材料的弹性模量。

在此将式（2-11）代入式（2-7），写成增量形式为

$$\frac{\Delta R}{R} = [(1+2\mu) + E\pi]\varepsilon_x = K_s\varepsilon_x \qquad (2\text{-}12)$$

式（2-12）中 $K_s = 1+2\mu+E\pi$，为半导体材料的应变灵敏系数。实际上，情况并非如此简单。当硅膜片承受外应力时，必须同时考虑其纵向（扩散电阻长度方向）压阻效应和横向（扩散电阻宽度方向）压阻效应。由于扩散型力敏传感器的扩散电阻厚度（即扩散深度）只有几微米，其垂直于膜片方向的应力远比其他两个分量小而可忽略。

对于半导体材料 K_s 的应变灵敏系数，$K_s = 1+2\mu+E\pi$。它也由两部分组成：前一部分 $1+2\mu$ 同样也为尺寸变化所致；后一部分 $E\pi$ 为半导体材料的压阻效应所致，且 $E\pi \gg (1+2\mu)$，因此半导体材料的应变灵敏度 $K_s \approx E\pi$。可见，半导体材料的应变电阻效应主要基于压阻效应。通常 $K_s \approx (50 \sim 80)K_m$。

2.2　电阻应变片的种类与结构

电阻应变片（又称应变计或应变片）种类繁多，形式各异，有多种分类方法。按照敏感元件材料的不同，应变片分为金属式和半导体式两大类。根据敏感元件的形态

不同，金属式应变片又可进一步分为丝式、箔式等。典型应变片的结构及组成如图 2-2 所示。

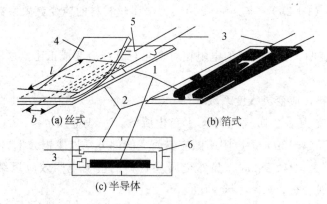

1—敏感栅；2—基底；3—引线；4—盖层；5—黏结剂；6—电极

图 2-2　典型应变片的结构及组成

1. 丝式应变片

丝式应变片的基本结构如图 2-2（a）所示，主要由敏感栅、基底、引线、盖层和黏结剂组成。图 2-2（a）中，l 表示栅长，b 表示栅宽。敏感栅是实现应变与电阻转换的敏感元件，由直径为 0.015～0.05mm 的金属丝绕成栅状，将其用黏结剂黏结在各种绝缘基底上，并用引线引出，再盖上既可以保持敏感栅和引线形状与相对位置的，又可保护敏感栅的盖层。电阻应变片的电阻值有 60Ω、120Ω、200Ω 等几种规格，其中 120Ω 最为常用。

2. 箔式应变片

箔式应变片的基本结构如图 2-2（b）所示，主要由敏感栅、基底、引线、盖层、黏结剂组成。箔式应变片如图 2-3 所示，其敏感栅利用照相制版或光刻腐蚀的方法，将电阻箔材制成各种形状而成，箔材厚度多为 0.001mm～0.01mm。箔式应变片的基底和盖层多为胶质膜，基底厚度一般为 0.03～0.05mm。箔式应变片的应用日益广泛，在常温条件下已逐步取代了线绕式应变片，它具有如下几个主要优点。

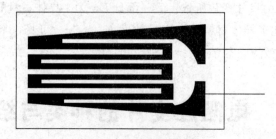

图 2-3　金属箔式应变片

（1）制造技术能保证敏感栅尺寸准确、线条均匀，可以制成任意形状以适应不同的测量要求。

（2）敏感栅薄而宽，黏结情况好，传递试件应变性能好。

（3）散热性能好，允许通过较大的工作电流，从而可增大输出信号，提高输出灵敏度。

（4）敏感栅弯头横向效应可忽略不计。

（5）蠕变、机械滞后较小，疲劳寿命长。

3. 金属薄膜应变片

金属薄膜应变片是薄膜技术的产物。它是采用真空蒸发或真空沉积的方法，将电阻材料在基底上制成一层各种形状的敏感栅，敏感栅的厚度在 0.1um 以下。薄膜应变片具有灵敏度系数高，易实现工业化生产的特点，是一种很有应用前景的新型应变片。

4. 半导体应变片

半导体应变片的工作原理与金属应变片相似。对半导体施加应力时，其电阻率发生变化，这种半导体电阻率随应力变化的关系称为半导体压阻效应。常见的半导体应变片是用锗和硅半导体作为敏感栅，一般为单根状，如图 2-2（c）所示。根据压阻效应，半导体应变片和金属应变片一样可以把应变转换成电阻的变化。

半导体应变片的优点是尺寸、横向效应、机械滞后都很小，灵敏度极大，因而输出也大，可以不需要放大器直接与记录仪器连接，使得测量系统简化。它的缺点是电阻值和灵敏系数随温度稳定性差，测量较大应变时非线性严重；灵敏系数随受拉和受压而变，且分散度大，一般在 3%～5% 之间，因而使得测量结果有 ±3～5% 的误差。

2.3　测量电路

由于弹性元件产生的机械变形微小，引起的应变量 ε 也很微小，从而引起的电阻应变片的电阻变化率 $\dfrac{dR}{R}$ 也很小。为了把微小的电阻变化率反映出来，必须采用测量电桥，把应变电阻的变化转换成电压或电流变化，从而达到精确测量的目的。

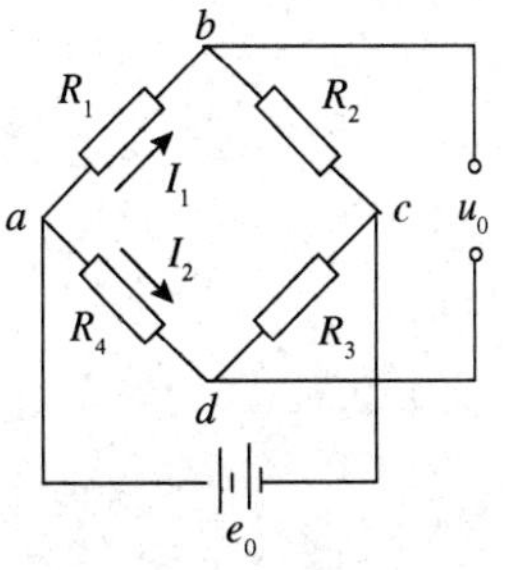

1. 直流电桥工作原理

如图 2-4 所示为一直流供电的平衡电阻电桥，桥路由 R_1、R_2、R_3、R_4 四个电阻构成，四个电阻称为桥臂，用直流电源 e_0 供电，ac 端接电源，bd 端作为电桥输出端，输出端电压为 u_0。

输出端电压 u_0 表示为

$$u_0 = u_{bd} = I_1 R_2 - I_2 R_3$$

图 2-4　直流电桥

$$= \frac{e_0 R_2}{(R_1 + R_2)} - \frac{e_0 R_3}{(R_4 + R_3)} = \frac{(R_2 R_4 - R_1 R_3)}{(R_1 + R_2)(R_3 + R_4)} e_0 \qquad (2\text{-}13)$$

由式（2-13）可知，当电桥各桥臂电阻满足

$$R_2 R_4 = R_1 R_3 \qquad (2\text{-}14)$$

则电桥的输出电压 u_0 为 0，电桥处于平衡状态。式（2-14）称为电桥的平衡条件。

2. 电阻应变片测量电路

应变片测量电桥在工作前应使电桥平衡（称为预调平衡），以使工作时的电桥输出电压只与应变片感受应变所引起的电阻变化有关。初始条件如下：

$$R_1 = R_2 = R_3 = R_4 = R \qquad (2\text{-}15)$$

单臂工作电桥只有一只应变片 R_1 接入，如图 2-5 所示，测量时应变片的电阻变化为 ΔR，电阻输出端电压为

$$u_0 = \frac{e_0 R_2}{(R_1 + \Delta R + R_2)} - \frac{e_0 R_3}{(R_4 + R_3)} = \frac{(R_2 R_4 + R_2 R_3 - R_1 R_3 - \Delta R R_3 - R_2 R_3)}{(R_1 + \Delta R + R_2)(R_3 + R_4)} e_0$$

$$= \frac{(R_2 R_4 - R_1 R_3 - \Delta R R_3)}{(R_1 + \Delta R + R_2)(R_3 + R_4)} e_0 = \frac{-\Delta R R_3}{(R_1 + \Delta R + R_2)(R_3 + R_4)} e_0$$

$$= \frac{-R \Delta R}{2R(2R + \Delta R)} e_0$$

又因为 $\Delta R \ll R$，所以

$$u_0 \approx \frac{-R \Delta R}{2R \cdot 2R} e_0 = -\frac{e_0}{4} \times \frac{\Delta R}{R} \qquad (2\text{-}16)$$

由电阻应变效应可知 $\dfrac{\Delta R}{R} = K\varepsilon$，则上式可写为

$$u_0 = -\frac{e_0}{4} K\varepsilon \qquad (2\text{-}17)$$

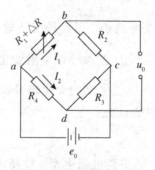

图 2-5 单臂工作直流电桥

3. 应变片双臂直流电桥（半桥）

半桥电路中用两只应变片，把两只应变片接入电桥的相邻两支桥臂。根据被测试件的受力情况，一个受拉，一个受压，如图 2-6 所示。初始条件如下：

$$R_1 = R_2 = R_3 = R_4 = R$$

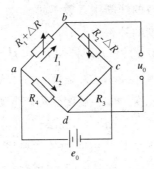

图 2-6　双臂直流电桥

使两支桥臂的应变片的电阻变化大小相同，方向相反，即处于差动工作状态，此时的输出电压为

$$
\begin{aligned}
u_0 &= --\frac{e_0(R_2 - \Delta R)}{(R_1 + \Delta R + R_2 - \Delta R)} - \frac{e_0 R_3}{(R_4 + R_3)} \\
&= \frac{(R_2 R_4 + R_2 R_3 - \Delta R R_4 - \Delta R R_3 - R_1 R_3 - R_2 R_3)}{(R_1 + R_2)(R_4 + R_3)} e_0 \\
&= \frac{-2\Delta R R}{4R^2} e_0 = -\frac{1}{2} \frac{\Delta R}{R} e_0
\end{aligned}
\tag{2-18}
$$

由电阻应变效应可知 $\dfrac{\Delta R}{R} = K\varepsilon$，则上式可写为

$$u_0 = -\frac{e_0}{2} K\varepsilon \tag{2-19}$$

对比式（2-17）和式（2-19），用直流电桥作应变的测量电路时，电桥输出电压与被测应变量呈线性关系，而在相同条件下（供电电源和应变片的型号不变），差动工作电路输出信号大，半桥差动输出是单臂输出的 2 倍。如果是全桥差动电路，其输出电压达到单臂输出的 4 倍，即全桥工作时，输出电压最大，检测的灵敏度最高。

2.4　应变片的温度误差及其补偿

在测量时，希望应变片的阻值仅随应变 ε 变化而不受其他因素的影响，但是温度变化所引起的电阻变化与试件应变所造成的变化几乎处于相同的数量级，因此应清楚温度对测试的影响以及考虑如何补偿温度对测量的影响。

2.4.1　温度误差

因环境温度改变而引起电阻变化的两个主要因素是：

（1）应变片的电阻丝具有一定的温度系数。

（2）电阻丝材料与测试材料的线膨胀系数不同。

应变片电阻丝的电阻与温度的关系为

$$R_t = R_0(1 + \alpha \Delta t) = R_0 + R_0 \alpha \Delta t \qquad (2\text{-}20)$$

式中，R_t 为温度 t 时的电阻值，R_0 为温度 t_0 时的电阻值；Δt 为温度变化值；α 为敏感栅材料电阻温度系数。应变片由于温度变化产生的电阻相对变化为

$$\Delta R_1 = R_0 \alpha \Delta t \qquad (2\text{-}21)$$

此外，若敏感栅材料线膨胀系数与被测构件材料线膨胀系数不同，当环境温度变化时，也将引起应变片的附加应变，这时电阻的变化值为

$$\Delta R_2 = R_0 \cdot K(\beta_e - \beta_g) \cdot \Delta t \qquad (2\text{-}22)$$

式中，β_e 为被测构件（弹性元件）的线膨胀系数，β_g 为敏感栅（应变丝）材料的线膨胀系数。

故，由温度变化而引起的总电阻变化为

$$\Delta R = [\alpha \Delta t + K(\beta_e - \beta_g) \cdot \Delta t]R_0 \qquad (2\text{-}23)$$

而电阻的相对变化量为

$$\frac{\Delta R}{R_0} = \alpha \Delta t + K(\beta_e - \beta_g) \cdot \Delta t \qquad (2\text{-}24)$$

从式（2-24）得到，试件不受外力作用而温度变化时，粘贴在试件表面上的应变片会产生温度效应。它表明应变片输出的大小与应变计敏感栅材料的电阻温度系数 α、线膨胀系数 β_g 以及被测试材料的线膨胀系数 β_e 相关。

2.4.2　温度补偿

为了使应变片的输出不受温度变化的影响，必须进行温度补偿。

1. 单丝自补偿应变片

由式（2-24）得知，使应变片在温度变化时电阻误差为零的条件是

$$\alpha \Delta t + K(\beta_e - \beta_g)\Delta t = 0$$
$$\alpha = -K(\beta_e - \beta_g) \qquad (2\text{-}25)$$

根据上述条件来选择合适的敏感栅材料，即可达到温度自补偿。

单丝自补偿应变片的优点是结构简单，制造和使用都比较方便，但它必须在具有一定线膨胀系数的试件上使用，否则不能达到温度补偿的目的，因此局限性很大。

2. 双丝组合式自补偿应变片

这种应变片也称组合式自补偿应变计，由两种电阻温度系数符号不同（一个为正，一个为负）的电阻丝材料组成。将两者串联绕制成敏感栅，若两段敏感栅电阻 R_1 和 R_2 由于温度变化而产生的电阻变化分别为 ΔR_{1t} 和 ΔR_{2t}，其大小相等而符号相反，就可以实现温度补偿。

3. 桥式电路补偿法

桥式电路补偿法也称作补偿片法，测量应变时使用两个应变片，一个是工作应变片，另一个是补偿应变片。工作应变片贴在被测试件的表面，补偿应变片贴在被测试件材料相同的补偿块上。工作时，补偿块不承受应变，仅随温度产生变形。当外界温度发生变化时，工作片 R_1 和补偿片 R_2 的温度变化相同。R_1 和 R_2 为同类应变片，又贴在相同的材料上，因此 R_1 和 R_2 由于温度变化而产生的阻值变化也相同，即 $\Delta R_1 = \Delta R_2$。如图 2-7 所示，R_1 和 R_2 分别接入相邻的两桥臂，因温度变化引起的电阻变化 ΔR_1 和 ΔR_2 的作用相互抵消，这样就起到了温度补偿的作用。

桥路补偿法的优点是简单、方便，在常温下补偿效果较好；其缺点是在温度变化梯度较大的条件下，很难做到工作片与补偿片处于温度完全一致的情况，因而影响补偿效果。

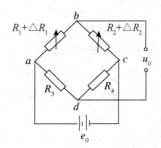

图 2-7　桥式电路补偿电路

2.5　电阻应变式传感器的应用

2.5.1　测力

应变式传感器最大的用武之地是称重和测力领域。这种测力传感器的结构由应变计、弹性元件和一些附件所组成。视弹性元件结构形式（如柱形、筒形、梁式、轮辐式等）和受载性质（如拉、压、弯曲和剪切等）的不同，它们有许多种类。

2.5.2　测量较大压力

筒式应变压力传感器由电阻应变计、弹性元件、外壳及补偿电阻等组成，一般用于测量较大的压力，它广泛用于测量管道内部压力，内燃机的燃气压力、压差和喷射压力，发动机和导弹试验中的脉动压力以及各种领域中的流体压力等。

筒式压力传感器是一种单一式压力传感器，即应变计直接粘贴在受压弹性膜片或筒上，如图 2-8 所示为筒式应变压力传感器。其中图 2-8（a）为结构示意图，图 2-8

（b）为筒式弹性元件，图 2-8（c）为应变计布片，工作应变片 R_1、R_3 沿筒外壁周向粘贴，温度补偿应变片 R_2 和 R_4 贴在筒底外壁，并接成全桥。当应变筒内壁感受压力 p 时，筒外壁产生周向应变，从而改变电桥的输出。

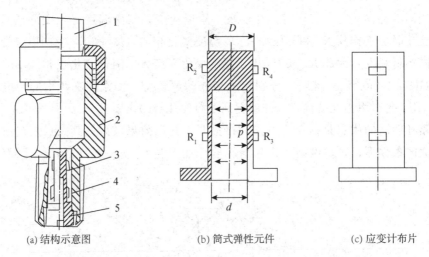

| (a) 结构示意图 | (b) 筒式弹性元件 | (c) 应变计布片 |

1—插座；2—基体；3—温度补偿应变计；4—工作应变计；5—应变筒

图 2-8　筒式应变片压力传感器

2.5.3　应变式加速度传感器

　　应变式加速度传感器主要用于物体加速度的测量。其基本工作原理是：物体运动的加速度与作用在它上面的力成正比，与物体的质量成反比，即 $a=F/m$。如图 2-9 所示为应变式加速度传感器，它由等强度梁、质量块、壳体和电阻应变敏感元件组成。通过质量块和电阻应变敏感元件的作用，可将被测加速度转换为弹性应变，从而实现加速度的测量。

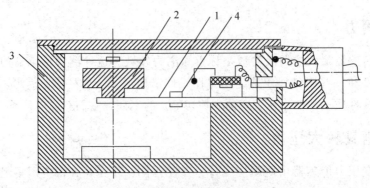

1—等强度梁；2—质量块；3—壳体；4—电阻应变敏感元件

图 2-9　应变式加速度传感器

本章小结

本章主要讲述了电阻的应变效应、电阻应变片的种类与结构、应变片的温度误差及其补偿、电阻应变式传感器的应用。本章知识点如下：

（1）导电材料的电阻与材料的电阻率、几何尺寸（长度与截面积）有关，在外力作用下发生机械变形，引起该导电材料的电阻值发生变化，这种现象称为电阻应变效应。

（2）按照敏感元件材料的不同，应变片分为金属式和半导体式两大类。根据敏感元件的形态不同，金属式应变片又可进一步分为丝式、箔式等。

（3）直流电桥工作原理、电阻应变片测量电路、应变片双臂直流电桥（半桥）。

（4）应清楚温度对测试的影响以及考虑如何补偿温度对测量的影响。为了使应变片的输出不受温度变化的影响，必须进行温度补偿。

（5）测力、测量较大压力、应变式加速度传感器。

本章习题

一、填空题

1. 导电材料的电阻与材料的电阻率、几何尺寸有关，在外力作用下发生机械变形，引起该导电材料的电阻值发生变化，这种现象称为_____。

2. 锗、硅等单晶半导体材料受到应力作用时，其电阻率会发生变化，这种现象称为_____。

3. 按照敏感元件材料的不同，应变片分为_____和_____两大类。

4. 电阻应变片一般由_____、_____、_____、_____和_____组成。

二、简答题

1. 电阻应变片和半导体应变片的工作原理有何区别？它们各有何特点？

2. 试着画出电阻应变式传感器的几种测量电路，并分析各电路的测量灵敏度。

3. 因环境温度改变而引起电阻变化的主要因素有哪些？

三、计算与分析题

1. 某试件受力后，应变为 2×10^{-3}，已知应变片的灵敏度为 2，初始值为 120Ω，若不计温度的影响，试求电阻的变化量 ΔR。

2. 如图 2-4 所示为一直流应变电桥，假设图中 $e_0 = 4V$，$R_1 = R_2 = R_3 = R_4 = 120\Omega$，求：

（1）R_1 为金属应变片，其余均为外接电阻，当 R_1 的增量为 $\Delta R = 1.2\Omega$ 时，电桥的输出电压 u_0 是多少？

（2）R_1 和 R_2 为金属应变片，且批号相同，感受应变的大小相同，极性相反，$\Delta R_1 = \Delta R_2 = \Delta R = 1.2\Omega$ 时，电桥的输出电压 u_0 是多少？

第3章 电感式传感器

本章导读

将被测量转换成电感或互感变化的传感器，称为电感式传感器。它是一种结构型传感器。按其转换方式的不同，可分为自感型（包括可变磁阻式与涡流式）和互感型（如差动变压器式）等两大类型。电感式传感器具有工作可靠、灵敏度高、分辨率高、测量精度高、稳定性好等诸多优点，可用于位移、压力、流量、振动等物理量的测量。

学习目标

- 掌握电感式传感器的种类及结构
- 掌握可变磁阻式传感器的工作原理
- 掌握涡流式传感器的工作原理
- 掌握差动变压器式传感器的工作原理
- 了解电感式传感器的应用

3.1 自感型电感式传感器

3.1.1 可变磁阻式传感器

可变磁阻式传感器的工作原理如图 3-1 所示。它由线圈、铁芯和衔铁组成。在铁芯和衔铁之间保持一定的空气隙 δ，被测位移构件与衔铁相连。当被测构件产生位移时，衔铁随着移动，空气隙 δ 发生变化，引起磁阻变化，从而使线圈的电感值发生变化。当线圈通以激磁电流 i 时，产生磁通 Φ_m，其大小与电流成正比，即

$$W\Phi_m = Li \tag{3-1}$$

式中，W 为线圈匝数，L 为自感。

根据磁路欧姆定律，得

$$F_m = Wi, \quad \Phi_m = \frac{F_m}{R_m} \tag{3-2}$$

式中，F_m 为磁动势，R_m 为磁路总磁阻。

将式（3-2）代入式（3-1），则自感为

$$L = \frac{W^2}{R_m} \tag{3-3}$$

如果空气隙 δ 较小，而且不考虑磁路的铁损和铁芯磁阻时，则总磁阻为

$$R_m \approx \frac{2\delta}{\mu_0 A_0} \tag{3-4}$$

式中，δ 为空气隙长度，单位 m；μ_0 为空气磁导率，$\mu_0 = 4\pi \times 10^{-7}$，单位 H/m；$A_0$ 为空气隙导磁截面积，单位 m^2。

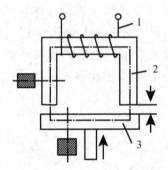

1—线圈；2—铁芯；3—衔铁

图 3-1　可变磁阻式传感器基本原理

将式（3-4）代入式（3-3），可得

$$L = \frac{W^2 \mu_0 A_0}{2\delta} \tag{3-5}$$

式（3-5）表明，自感 L 与空气隙 δ 的大小成反比，而与空气隙导磁截面积 A_0 成正比。当固定 A_0 不变，而改变 δ 时，L 与 δ 呈非线性关系，此时传感器的灵敏度为

$$S = \frac{dL}{d\delta} = -\frac{W^2 \mu_0 A_0}{2\delta^2} \tag{3-6}$$

灵敏度 S 与空气隙长度的平方成反比，δ 愈小，灵敏度愈高。由于 S 不是常数，故会出现非线性误差。为了减小这一误差，通常规定在较小间隙范围内工作。例如，设间隙变化范围为（δ_0，$\delta_0 + \Delta\delta$），则灵敏度为

$$S = -\frac{W^2 \mu_0 A_0}{2\delta^2} = -\frac{W^2 \mu_0 A_0}{2(\delta_0 + \Delta\delta)^2}$$

由此式可以看出，当 $\Delta\delta \ll \delta_0$ 时，则

$$S \approx -\frac{W^2 \mu_0 A_0}{2\delta^2} \tag{3-7}$$

故灵敏度 S 趋于定值，即输出与输入近似地呈线性关系。

图 3-2 列出了几种常用可变磁阻式传感器的典型结构。

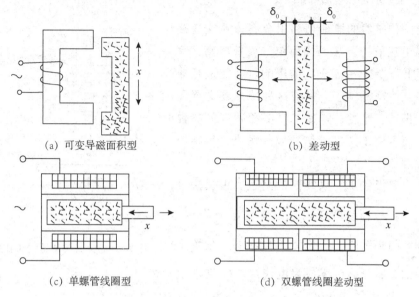

（a）可变导磁面积型   （b）差动型

（c）单螺管线圈型   （d）双螺管线圈差动型

图 3-2 可变磁阻式传感器的典型结构

图 3-2（a）为可变导磁面积型，其自感 L 与 A_0 呈线性关系，这种传感器灵敏度较低。

图 3-2（b）为差动型，衔铁位移时，可以使两个线圈的间隙按 $\delta_0 + \Delta\delta$，$\delta_0 - \Delta\delta$ 变化，一个线圈自感增加；另一个线圈自感减小。将两个线圈接于电桥相邻桥臂时，其输出灵敏度可提高 1 倍，并改善了线性特性。

图 3-2（c）为单螺管线圈型，当铁芯在线圈中运动时，将改变磁阻，使线圈自感发生变化。这种传感器结构简单、容易制造，但灵敏度低，适用于较大位移（数毫米）的测量。

图 3-2（d）为双螺管线圈差动型，较之单螺管线圈型有较高灵敏度及线性，被用于电感测微计上，构成两个桥臂。线圈电感 L_1、L_2 随铁芯位移而变化，其输出特性如图 3-3 所示。

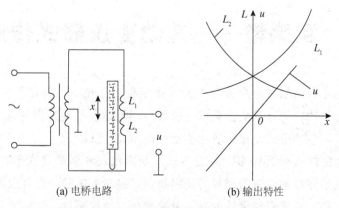

（a）电桥电路   （b）输出特性

图 3-3 双螺管线圈差动型电桥电路及输出特性

3.1.2　涡流式传感器

涡流式传感器的原理是利用金属体在交变磁场中的涡电流效应。其结构简单、灵敏度高、频率范围宽和不受油污等介质的影响，并能进行非接触测量，适用范围广。目前这种传感器主要用于位移、振动、厚度、转速、温度和硬度等参数的测量，还可用于无损探伤领域。涡流式传感器的工作原理如图 3-4 所示。

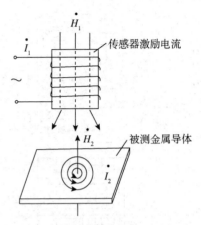

图 3-4　涡流式传感器的工作原理

一块金属板置于一只线圈的附近。根据法拉第定律，当传感器线圈通以正弦交变电流 $\dot{I}_1$ 时，线圈周围空间必然产生正弦交变磁场 $\dot{H}_1$，使置于此磁场中的金属导体中感应涡电流 $\dot{I}_2$，$\dot{I}_2$ 又产生新的交变磁场 $\dot{H}_2$。根据楞次定律，$\dot{H}_2$ 的作用将反抗原磁场 $\dot{H}_1$，导致传感器线圈的等效阻抗发生变化。由此可知，线圈阻抗的变化完全取决于被测金属导体的涡电流效应。而涡电流效应既与被测体的电阻率 ρ、磁导率 μ 以及几何形状有关，又与线圈几何参数、线圈中激磁电流频率有关，还与线圈与导体间的距离 x 有关。因此，传感器线圈受涡电流影响时的等效阻抗 Z 的函数关系式为

$$Z = F(\rho, \mu, r, f, x) \tag{3-8}$$

式中，r 为线圈与被测体的尺寸因子。

如果保持上式中其他参数不变，而只改变其中一个参数，传感器线圈阻抗 Z 就仅仅是这个参数的单值函数。通过与传感器配用的测量电路测出阻抗 Z 的变化量，即可实现对该参数的测量。例如，x 变化，可作为位移、振动测量；变化 ρ 或 μ 值，可作为材质鉴别或探伤等。

3.2　互感型——差动变压器式传感器

这种传感器是利用电磁感应原理中的互感现象，把被测的非电量变化转换为线圈互感量变化的传感器称为互感式传感器。这种传感器是根据变压器的基本原理制成的，并且次级绕组都用差动形式连接，故称差动变压器式传感器。

差动变压器的结构形式较多，有变隙式、变面积式和螺线管式等，但其工作原理基本一样。非电量测量中，应用最多的是螺线管式差动变压器，它可以测量 $1 \sim 100\text{mm}$ 范围内的机械位移，并具有测量精度高、灵敏度高、结构简单、性能可靠等优点。

3.2.1 差动变压器式传感器的工作原理

如图 3-5 所示为螺线管式差动变压器结构，它由初级线圈、两个次级线圈和插入线圈中央的圆柱形铁芯等组成。螺线管式差动变压器按线圈绕组排列的方式不同可分为一节式、二节式、三节式、四节式和五节式等类型，如图 3-6 所示。一节式灵敏度高，三节式零点残余电压较小，通常采用的是二节式和三节式两类。

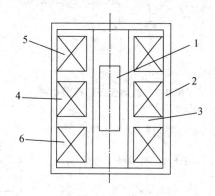

1—活动衔铁；2—导磁外壳；3—骨架；4—匝数为 N_1 的初级绕组；
5—匝数为 N_{2a} 的次级绕组；6—匝数为 N_{2b} 的次级绕组

图 3-5 螺线管式差动变压器结构

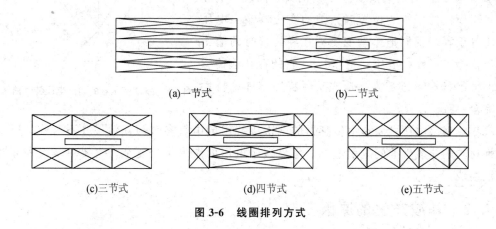

(a)一节式   (b)二节式

(c)三节式   (d)四节式   (e)五节式

图 3-6 线圈排列方式

差动变压器式传感器中两个次级线圈反向串联，并且在忽略铁损、导磁体磁阻和线圈分布电容的理想条件下，其等效电路如图 3-7 所示。当初级绕组加以激励电压 $\dot{U}_1$ 时，根据变压器的工作原理，在两个次级绕组中便会产生感应电势 $\dot{E}_{2a}$ 和 $\dot{E}_{2b}$。如果工艺上保证变压器结构完全对称，则当活动衔铁处于初始平衡位置时，必然会使两互感系数 $M_1 = M_2$。根据电磁感应原理，将有 $\dot{E}_{2a} = \dot{E}_{2b}$。由于变压器两次级绕组反向串联，

因而 $\dot{U}_2 = \dot{E}_{2a} - \dot{E}_{2b} = 0$，即差动变压器输出电压为零。

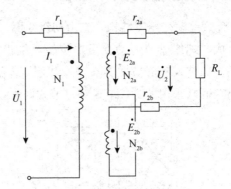

图 3-7   差动变压器等效电路

活动衔铁向上移动时，由于磁阻的影响，N_{2a} 中磁通将大于 N_{2b}，使 $M_1 > M_2$，因而 $\dot{E}_{2a}$ 增加，而 $\dot{E}_{2b}$ 减小。反之，$\dot{E}_{2b}$ 增加，$\dot{E}_{2a}$ 减小。因为 $\dot{U}_2 = \dot{E}_{2a} - \dot{E}_{2b} = 0$，所以当 $\dot{E}_{2a}$、$\dot{E}_{2b}$ 随着衔铁位移 x 变化时，$\dot{U}_2$ 也必将随 x 变化。图 3-8 给出了变压器输出电压 $\dot{U}_2$ 与活动衔铁位移 x 的关系曲线。实际上，当衔铁位于中心位置时，差动变压器输出电压并不等于零，我们把差动变压器在零位移时的输出电压称为零点残余电压，记作 U_x，它的存在使传感器的输出特性不过零点，造成实际特性与理论特性不完全一致。

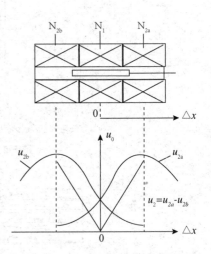

图 3-8   差动变压器的输出电压特性曲线

零点残余电压主要是由传感器的两次级绕组的电气参数与几何尺寸不对称，以及磁性材料的非线性等问题引起的。零点残余电压的波形十分复杂，主要由基波和高次谐波组成。

3.2.2 基波产生的原因

基波产生的主要原因是：传感器的两次级绕组的电气参数和几何尺寸不对称，导致它们产生的感应电势的幅值不等、相位不同，因此不论怎样调整衔铁位置，两线圈中感应电势都不能完全抵消。高次谐波中起主要作用的是三次谐波，产生的原因是由于磁性材料磁化曲线的非线性（磁饱和、磁滞）。零点残余电压一般在几十毫伏以下，在实际使用时，应设法减小 U_x，否则将会影响传感器的测量结果。

3.3　电感式传感器的应用

1. 用自感式传感器测量位移

如图 3-9 所示为电感测微仪的结构与原理框图。测量时测头的测端与被测件接触，被测件的微小位移使衔铁在差动线圈中移动，线圈电感值将产生变化，使这一变化量通过引线接到交流电桥，电桥的输出电压就反映被测件的位移变化量。

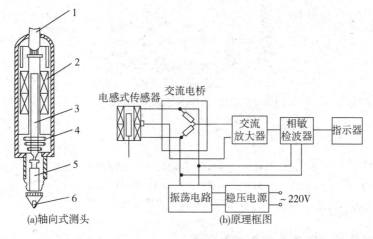

(a)轴向式测头　　　　　　　　　(b)原理框图

1—引线；2—线圈；3—衔铁；4—测力弹簧；5—导杆；6—测端

图 3-9　电感测微仪原理框图

2. 用变压器式传感器测量加速度

如图 3-10 所示为差动变压器式加速度传感器原理图。衔铁受到加速度的作用使得悬臂弹簧受力变形，与悬臂相连的衔铁产生相对线圈的位移，从而使变压器的输出改变。

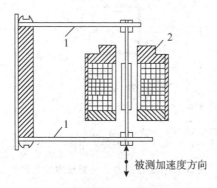

被测加速度方向

1—悬臂梁；2—差动变压器

图 3-10　差动变压器式加速度传感器原理图

3. 用变压器式传感器测量压力

传感器与弹性敏感元件（膜片、膜盒和弹簧管等）相结合，可以组成开环压力传感器和闭环力平衡式压力计。

如图 3-11 所示为差动变压器微压力传感器结构图，它由接头、膜盒、底座、线路板、差动变压器线圈、衔铁、罩壳、插头和通孔组成。在无压力作用时，膜盒处于初始状态，与膜盒连接的衔铁处于差动变压器线圈的中心部。当压力输入膜盒后，膜盒的自由端产生位移并带动衔铁移动，差动变压器产生正比于输出压力的输出电压。

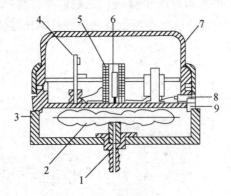

1—接头；2—膜盒；3—底座；4—线路板；5—差动变压器线圈；
6—衔铁；7—罩壳；8—插头；9—通孔

图 3-11 差动变压器微压力传感器结构图

4. 用变隙式差动电感传感器测量压力

如图 3-12 所示为可用于测量压力的变隙式差动电感压力传感器。它主要由 C 形弹簧管、衔铁、铁芯和线圈等组成。

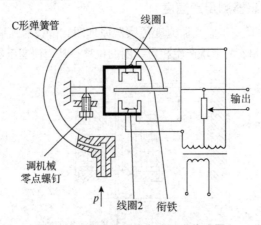

图 3-12 变隙式差动电感压力传感器

当被测压力进入 C 形弹簧管时，C 形弹簧管发生变形，其自由端发生位移，带动与自由端连接成一体的衔铁运动，使线圈 1 和线圈 2 中的电感发生大小相等、符号相反的变化，即一个电感量增大，另一个电感量减小。

本章小结

本章主要讲述了自感型电感式传感器、互感型——差动变压器式传感器、电感式传感器的应用。本章知识点如下：

（1）可变磁阻式传感器、涡流式传感器。

（2）差动变压器式传感器的工作原理；基波产生的主要原因是：传感器的两次级绕组的电气参数和几何尺寸不对称，导致它们产生的感应电势的幅值不等、相位不同，因此不论怎样调整衔铁位置，两线圈中感应电势都不能完全抵消。

（3）用自感式传感器测量位移、用变压器式传感器测量加速度、用变压器式传感器测量压力、用变隙式差动电感传感器测量压力。

本章习题

一、填空题

1. 电感式传感器主要有_____、_____和_____等类型。

2. 涡流式传感器的原理是利用金属体在交变磁场中的_____。

3. 把被测的非电量变化转换为线圈互感量 M 变化的传感器称为_____。

4. 差动变压器式传感器如果工艺上保证变压器结构完全对称，则当活动衔铁处于初始平衡位置时，使两互感系数相等，变压器的两次级绕组反向串联，则此时差动变压器输出电压理论上应该为_____。

二、简答题

1. 可变磁阻式传感器的灵敏度与哪些因素相关？要提高灵敏度可采取哪些措施？

2. 什么是零点残余电压？它主要跟哪些因素相关？

3. 什么是涡电流效应？简述涡流式传感器的工作原理。

三、分析题

如图 3-13 所示为用涡流式传感器构成的液位监控系统。它通过浮子与杠杆带动涡流板上下位移，由涡流式传感器发出信号控制电动泵的开启而使液位保持一定。

请根据图 3-13 分析该液位监控系统的工作过程。

1—浮子；2—涡流板；3—涡流式传感器

图 3-13　液位监控系统图

第4章 电容式传感器

🔍 **本章导读**

电容式传感器是将被测量如尺寸、位移、压力等非电量的变化转化成电容量的变化的一种传感器。目前，电容式传感器已经在位移、振动、角度、加速度等机械量的精密测量及压力、差压、液面、成分等方面得到了广泛应用。电容式传感器作为一种频响宽、可非接触测量的传感器，电容式传感器应用广泛，有着很好的发展前景。

🔍 **学习目标**

- 掌握电容式传感器的工作原理
- 掌握电容式传感器的类型
- 掌握电容式传感器的测量电路
- 了解电容式传感器的应用

4.1 电容式传感器的工作原理

电容式传感器的工作原理是基于电容量的计算公式。由物理学可知，由两个平行极板组成的电容器其电容量为

$$C = \frac{\varepsilon_0 \varepsilon A}{\delta} \tag{4-1}$$

式中，C 是电容器的电容量；ε 是极板间介质的相对介电常数，在空气中 $\varepsilon = 1$；ε_0 是真空中介电常数，$\varepsilon_0 = 8.85 \times 10^{-12}$，F/m；$\delta$ 是极板间距离；A 是极板间面积。

依据式（4-1）可知，当被测物理量能使式中的 ε、A 或 δ 发生变化，则电容器的电容量 C 就会改变。如保持其中两个参数不变，就可把另一个参数的单一变化转换成电容量的变化，再通过配套的测量电路，将电容的变化转换为电量的信号输出，这就是电容式传感器的工作原理。

根据所改变的参数，电容式传感器可分为三种基本类型，即变极距型、变面积型

和变介电常数型。各种形式的电容式传感器如图 4-1 所示。

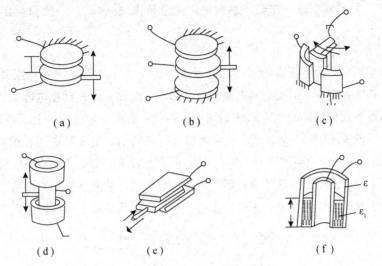

图 4-1　各种形式的电容式传感器

1. 变极距型电容式传感器

变极距型电容式传感器的结构原理如图 4-2 所示。根据式（4-1），如果两极板间相互覆盖的面积及极间介电常数不变，则当极距有一微小变化时，引起电容量的变化为

$$dC = -\frac{\varepsilon_0 \varepsilon A}{\delta^2} d\delta \qquad (4-2)$$

由此可得传感器的灵敏度为

$$S = \frac{dC}{d\delta} = -\varepsilon_0 \varepsilon A \frac{1}{\delta^2} \qquad (4-3)$$

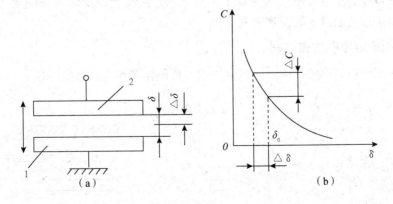

1—定片；2—动片

图 4-2　变极距型电容式传感器结构原理图

由（4-3）可知，灵敏度 S 与极距 δ 平方成反比，极距越小，灵敏度越高。一般通

过减小初始极距 δ_0 来提高灵敏度。由于电容量 C 与极距 δ 呈非线性关系，故这将引起非线性误差。为了减小这一误差，通常规定测量范围 $\Delta\delta \ll \delta_0$。一般取极距变化范围为 $\Delta\delta/\delta_0 \approx 0.1$，此时，$S \approx -\dfrac{\varepsilon_0 \varepsilon A}{\delta_0{}^2}$，近似为常数。

在实际应用中，为了提高传感器的灵敏度，增大线性工作范围和克服外界条件（如电源电压、环境温度等）的变化对测量精度的影响，常常采用差动型电容式传感器。

差动型电容式传感器的结构原理如图 4-3 所示。中间板为动片，上下两块板为定片，在初始情况下极板间距均为 δ。当定片向上移动距离 x 后，上板与中间板的间隙为 $\delta_1 = \delta - x$，而下板与中间板的间隙变为 $\delta_2 = \delta + x$。两边电容量的变化通过差动电桥叠加，使灵敏度提高了 1 倍，线性工作区扩大，而且减小了静电引力给测量带来的影响，消除了由于温度等环境影响所造成的误差，工作稳定性变好，还能反映被测位移的方向。

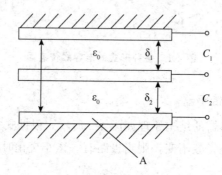

图 4-3　差动型电容式传感器

变极距电容式传感器的优点是可进行动态非接触式测量，对被测系统的影响小；灵敏度高，适用于较小位移（0.01 至数百微米）的测量。但这种传感器有线性误差，传感器的杂散电容也对灵敏度和测量精度有影响，与传感器配合使用的电子线路也比较复杂。由于这些缺点，其使用范围受到一定限制。

2. 变面积型电容式传感器

变面积型电容式传感器中，一般常用的有角位移型和线位移型两种。

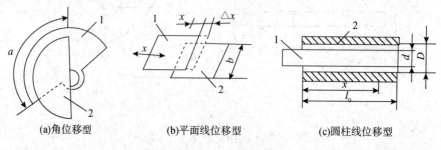

(a)角位移型　　　　(b)平面线位移型　　　　(c)圆柱线位移型

1—动板；2—定板

图 4-4　变面积型电容式传感器

图 4-4（a）为典型的角位移型电容式传感器。当动板有一转角时，与定板之间相互覆盖的面积就发生变化，因而导致电容量的变化。其覆盖面积为

$$A = \frac{\alpha r^2}{2} \tag{4-4}$$

式中，α 为覆盖面积对应的中心角；r 为极板半径。

所以，电容量为

$$C = \frac{\varepsilon_0 \varepsilon \alpha r^2}{2\delta} \tag{4-5}$$

灵敏度为

$$S = \frac{dC}{d\alpha} = \frac{\varepsilon_0 \varepsilon r^2}{2\delta} = 常数 \tag{4-6}$$

因而，角位移型电容式传感器灵敏度 S 为常数，其输出与输入成线性关系。

线位移型电容式传感器有平面线位移型和圆柱线位移型两种。图 4-4（b）为平面线位移型电容式传感器，当动板沿 x 方向移动时，两者的覆盖面积发生变化，电容量为

$$C = \frac{\varepsilon_0 \varepsilon b x}{\delta} \tag{4-7}$$

式中，b 为极板宽度。

灵敏度为

$$S = \frac{dC}{dx} = \frac{\varepsilon_0 \varepsilon b}{\delta} = 常数 \tag{4-8}$$

因而，平面线位移型电容式传感器灵敏度 S 为常数，其输出与输入成线性关系。

图 4-4（c）为圆柱线位移型电容式传感器，动板（圆柱）与定板圆筒相互覆盖，电容量为

$$C = \frac{2\pi\varepsilon_0 \varepsilon x}{\ln(\frac{D}{d})} \tag{4-9}$$

式中，D 为圆筒孔径，d 为圆柱外径。

当覆盖长度 x 变化时，电容量 C 发生变化，其灵敏度为

$$S = \frac{dC}{dx} = \frac{2\pi\varepsilon_0 \varepsilon}{\ln(\frac{D}{d})} = 常数 \tag{4-10}$$

因而，圆柱线位移型电容式传感器灵敏度 S 为常数，其输出与输入成线性关系。

综上可知，变面积型电容式传感器的优点是输出与输入呈线性关系，但与变极距型相比，灵敏度低，适用于较大直线位移及角位移的测量。

3. 变介电常数型电容式传感器

如图 4-5 所示是一种变介电常数型电容式传感器，它是利用介质介电常数的变化将

被测量转换为电量的传感器。在上极板和下极板之间加入除空气以外的其他被测固体介质，或由其他物理量控制的介质。

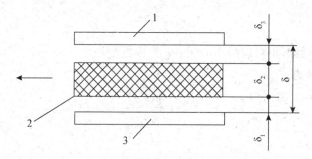

1—上极板；2—被测介质；3—下极板

图 4-5 变介电常数型电容式传感器

当介质变化时，电容量随之变化。当忽略边界效应时，电容量为

$$C = \frac{\varepsilon_0 A}{\dfrac{\delta_1}{\varepsilon_{r1}} + \dfrac{\delta_2}{\varepsilon_{r2}} + \dfrac{\delta_3}{\varepsilon_{r3}}} \tag{4-11}$$

式中，A 为电容器两极板间的覆盖面积；δ_1、δ_3 分别为被测物体至极板间的距离；δ 为上下两极板间的距离；ε_{r1}、ε_{r3} 分别为空气的介电常数；δ_2 为被测物体的厚度；ε_{r2} 为被测物体的介电常数。

当式中 $\varepsilon_{r1} = \varepsilon_{r3} = 1$ 为空气介质的介电常数和 $\delta_1 + \delta_3 = \delta - \delta_2$ 时，式（4-11）可写成

$$C = \frac{\varepsilon_0 A}{\delta - \delta_2 + \dfrac{\delta_2}{\varepsilon_{r2}}} \tag{4-12}$$

即

$$C = \frac{C_0}{1 + (\dfrac{1}{\varepsilon_{r2}} - 1)\dfrac{\delta_2}{\delta}} \tag{4-13}$$

式中，C_0 为传感器的初始电容量。

分析式（4-13）可知，当 A 和 δ 一定时，电容量的大小和被测材料的厚度及介电常数有关。若被测材料的介电常数为已知，则可测得其厚度，成为测厚仪；若被测材料的厚度为已知，则可测得其介电常数，成为介电常数的测量仪。

变介电常数型电容式传感器可用来测量纸张、绝缘薄膜等的厚度，也可以用来测量粮食、纺织品、木材或煤等非导电固体介质的湿度。

4.2 电容式传感器的测量电路

将被测量转换成电容量的变化之后，由后续电路转换为电压、电流或频率信号的

电路称为电容式传感器的测量电路。目前较常用的有电桥电路、谐振电路、调频电路及运算放大器电路等。

1. 电桥电路

图 4-6 为电容式传感器电桥测量电路。电容式传感器为电容的一部分。通常采用电阻、电容或电感、电容组成交流电桥，图 4-6 为一种电感、电容组成的电桥。由电容变化转换为电桥的电压输出，经放大、相敏检波、滤波后，再推动显示、记录仪器。

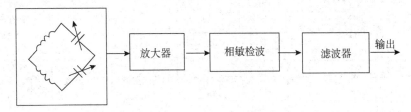

图 4-6　电容式传感器电桥测量电路

2. 谐振电路

如图 4-7（a）所示为谐振式电路的原理框图，电容传感器的电容 C_3 作为谐振回路（L_2，C_2，C_3）调谐电容的一部分。谐振回路通过电感耦合，从稳定的高频振荡器取得振荡电压。当传感器电容发生变化时，使得谐振回路的阻抗发生相应的变化，而这个变化被转换为电压或电流，再经过放大、检波即可得到相应的输出。

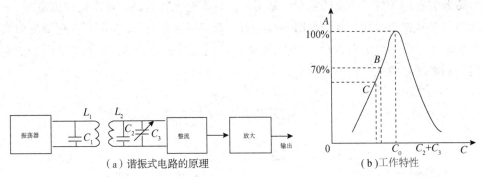

（a）谐振式电路的原理　　　（b）工作特性

图 4-7　谐振电路

为了获得较好的线性 关系，一般谐振电路的工作点选在谐振曲线的线性区域内，最大振幅 70％附近的地方，且工作范围选在 BC 段内，如图 4-7（b）所示。这种电路的优点是比较灵活；缺点是工作点不易选好，变化范围也较窄，传感器及连接电缆的杂散电容对电路的影响较大。同时为了提高测量精度，要求振荡器的频率具有很高的稳定性。

3. 调频电路

传感器的电容作为振荡器谐振回路的一部分，当输入量使电容量发生变化时，振荡器的振荡频率将发生改变，频率的变化经过鉴频器转换为电压的变化，经过放大处理后输出给显示或记录等仪器。调频电路可以分为直放式调频和外差式调频两种类型，如图4-8所示。外差式调频电路比较复杂，但选择性好，特性稳定，而且抗干扰性能优于直放式调频电路。

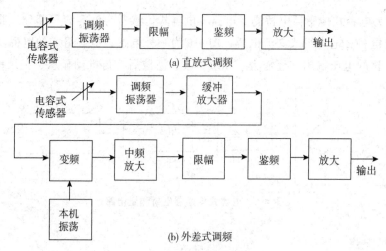

(a) 直放式调频

(b) 外差式调频

图 4-8　调频电路框图

4. 运算放大器电路

变极距型电容式传感器的极距变化与电容变化量成非线性关系。这一缺点使电容式传感器的应用受到了一定的限制。采用比例运算放大器电路，可以使输出电压 u_y 与位移的关系转换为线性关系。如图4-9所示，反馈回路中的 C_x 为极距变化型电容式传感器的输出，采用固定电容 C_0 作输入电路，u_0 为稳定的工作电压。由于放大器的高输入阻抗和高增益特性，比例器的运算关系为

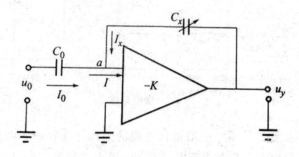

图 4-9　运算放大器电路

$$u_y = -u_0 \frac{Z_{C_x}}{Z_{C_0}} = -u_0 \frac{C_0}{C_x} \tag{4-14}$$

代入 $C_x = \dfrac{\varepsilon_0 \varepsilon A}{\delta}$，得

$$u_y = -u_0 \frac{C_0 \delta}{\varepsilon_0 \varepsilon A} \qquad\qquad (4\text{-}15)$$

由式（4-15）可知，输出电压 u_y 与电容器的间隙 δ 成线性关系。这种电路被用于位移测量的传感器。

4.3　电容式传感器的应用

1. 电容式位移传感器

图 4-10 为一种变面积型电容式位移传感器。它采用差动结构，圆柱形电极，与测量杆相连的活动电极随被测位移而轴向移动，从而改变活动电极与两个固定电极之间的覆盖面积，使电容发生变化。它用于接触式测量，电容与位移成线性关系。其工作过程如下：固定电极与壳体绝缘，活动电极与测量杆固定在一起并彼此绝缘。当被测物体位移使测量杆轴向移动时，活动电极与固定电极的覆盖面积随之改变，使电容量一个变大、另一个变小，它们的差值正比于位移。开槽弹簧片为传感器的导向与支承，无机械摩擦，灵敏性好，但行程小。

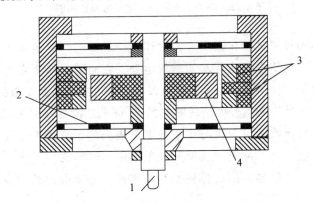

1—测量杆；2—开槽弹簧片；3—固定电极；4—活动电极

图 4-10　变面积型电容式位移传感器

2. 电容测厚仪

电容测厚仪是用来测量在轧制工艺过程中金属带材厚度变化的。其变化器就是电容式厚度传感器，工作原理如图 4-11 所示。在被测带材的上下两边各设置一块面积相等与带材距离相同的极板，这样极板与带材就形成了两个电容器。把两块极板用导线连接起来，就成为一个极板，而带材则是电容式传感器的另一个极板，其电容 $C = C_1 + C_2$。金属带材在轧制过程中不断向前送进，如果带材厚度发生变化，将会引起其上下两个极板间距的变化，即引起电容量的变化。如果电容量 C 作为交流电桥的一个臂，电容的变化 ΔC 会引起电桥的不平衡，经过放大、检波、滤波，最后在仪表上显示出带材的厚度。这种测厚仪的优点是带材的振动不影响测量精度。

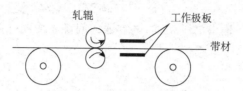

图 4-11　电容测厚仪工作原理

3. 电容式加速度传感器

图 4-12 为差分式电容加速度传感器结构图。它有两个固定极板，中间质量块的两个端面作为动极板。

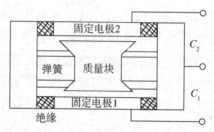

图 4-12　差分式电容加速度传感器结构图

当传感器壳体随被测对象在垂直方向上作直线运动时，传感器壳体固定在被测振动体上，振动体的振动使得壳体相对质量块运动，因而与壳体固定在一起的两个固定电极相对质量块运动，使得其中一个固定电极与质量块的下表面组成的电容 C_1 值以及另一个固定电极与质量块上的表面组成的电容 C_2 值随之改变，组成的电容质量块因惯性相对静止，因此将导致固定电极与质量块上下表面的距离发生变化，一个增加，一个减小。它们的差值正比于被测加速度。由于采用空气阻尼，气体黏度的温度系数比液体小得多。因此，这种加速度传感器的精度较高，频率响应范围宽，量程大，可以测很高的加速度。

本章小结

本章主要讲述了电容式传感器的工作原理、电容式传感器的测量电路、电容式传感器的应用。本章知识点如下：

（1）变极距型电容式传感器、变面积型电容式传感器、变介电常数型电容式传感器等的工作原理。

（2）电容式传感器的测量电路较常用的有电桥电路、谐振电路、调频电路及运算放大器电路等。

（3）电容式位移传感器、电容测厚仪和电容式加速度传感器。

本章习题

一、填空题

1. 根据所改变的参数，电容式传感器可分为三种基本类型，即＿＿＿＿＿、＿＿＿＿＿和＿＿＿＿＿。

2. 由两个平行极板组成的电容器，其电容量为＿＿＿＿＿。

3. 采用差动型电容式传感器其灵敏度可以提高＿＿＿＿＿倍。

4. 变面积型电容式传感器中，一般常用的有＿＿＿＿＿和＿＿＿＿＿两种。

二、简答题

1. 说说电容式传感器一般可变化哪几个参数而构成传感器。

2. 以平板电容器为例，说说电容式传感器的基本工作原理。

3. 为什么电容式传感器的结构多采用差动形式？

三、计算与分析题

如图 4-13 所示为利用电容式传感器测量液位高度，请你据图分析检测的原理，并求出电容式传感器的电容量与被测液位高度的关系。

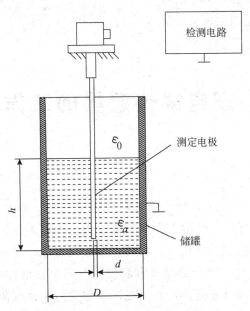

图 4-13　利用电容式传感器测量液位高度

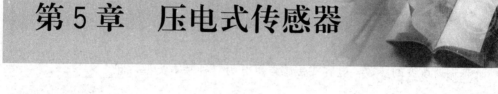

第5章 压电式传感器

本章导读

压电式传感器是以某些电介质（如石英晶体或压电陶瓷、高分子材料）的压电效应为基础而工作的。在外力作用下，在电介质表面产生电荷，从而实现非电量测量的目的。因此，压电式传感器是一种典型的自发电式传感器。压电传感元件是力敏感元件，它可以测量最终能变换为力的那些非电物理量，例如动态力、动态压力、振动加速度等。

学习目标

- 掌握压电式传感器的工作原理
- 掌握压电材料的种类和特点
- 掌握压电式传感器的等效电路
- 掌握压电式传感器的测量电路
- 了解压电式传感器的应用

5.1 压电式传感器的工作原理

5.1.1 压电效应

压电现象是 100 多年前居里兄弟研究石英时发现的。那么，什么是压电效应呢？由物理学可知，一些离子型晶体的电介质（如石英、酒石酸钾钠、钛酸钡等）不仅在电场力作用下，而且在机械力作用下，都会产生极化现象。在这些电介质的一定方向施加机械力而产生变形时，就会引起其内部正负电荷中心相对转移而产生电的极化，从而导致其两个相对表面（极化面）上出现符号相反的束缚电荷 Q，如图 5-1（a）所示，且 Q 与外应力张量 T 成正比，即

$$Q = dT \tag{5-1}$$

式中 d 为压电常数。

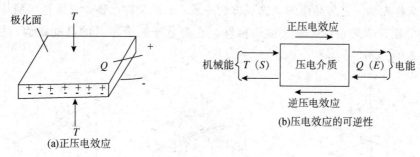

(a)正压电效应

(b)压电效应的可逆性

图 5-1　压电效应原理图

当外力消失后，又恢复不带电原状；当外力变向，电荷极性随之而变。这种现象称为正压电效应，或简称压电效应。如果在这些电介质的极化方向施加电场，这些电介质就在一定方向产生机械变形或机械应力。当外电场撤去时，这些变形或应力也随之消失，这种现象称之为逆压电效应，或称之为电致伸缩效应。其应变 S 与外电场强度 E 成正比，即

$$S = d_t E \qquad\qquad (5\text{-}2)$$

可见，具有压电性的电介质（称压电材料），能实现机电能量的相互转换，如图 5-1（b）所示。

5.1.2　压电材料

目前压电材料可分为三大类：第一类是压电晶体（单晶），它包括压电石英晶体和其他压电单晶；第二类是压电陶瓷（多晶半导瓷）；第三类是新型压电材料，又可分为压电半导体和有机高分子压电材料两种。在传感器技术中，目前国内外普遍应用的是压电单晶中的石英晶体和压电多晶中的钛酸钡与锆钛酸铅系列压电陶瓷。

压电材料的主要特性参数如下：

（1）压电常数。衡量材料压电效应强弱的参数，直接关系到输出灵敏度。

（2）弹性常数。与压电器件的固有频率和动态特性有关。

（3）介电常数。对于一定形状、尺寸的压电元件，其固有电容与介电常数有关；而固有电容又影响着压电传感器的频率下限。

（4）机械耦合系数。在压电效应中，其值等于转换输出能量（如电能）与输入能量（如机械能）之比的平方根；是衡量压电材料机电能量转换效率的一个重要参数。

（5）电阻。压电材料的绝缘电阻将减小电荷泄漏，从而改善压电传感器的低频特性。

（6）居里点。压电材料开始丧失压电特性时的温度称为居里点。

1. 压电晶体

（1）石英晶体（SiO_2）

石英晶体是一种应用广泛的压电晶体。它是二氧化硅单晶，属于六角晶系。如图 5-2（a）所示是天然石英晶体的外形图，它为规则的六角棱柱体。石英晶体有三个晶

轴：z 轴又称光轴，它与晶体的纵轴线方向一致；x 轴又称电轴，它通过六面体相对的两个棱线并垂直于光轴；y 轴又称机械轴，它垂直于两个相对的晶柱棱面，如图 5-2 (b) 和 5-2（c）所示。

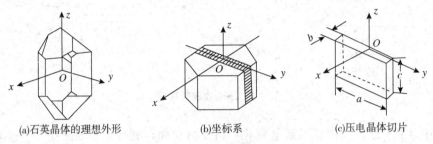

(a)石英晶体的理想外形　　　　(b)坐标系　　　　(c)压电晶体切片

图 5-2　石英晶体与石英晶体切片

通常把沿电轴（x 轴）方向的力作用下产生电荷的压电效应称为"纵向压电效应"，而把沿机械轴（y 轴）方向的力作用下产生电荷的压电效应称为"横向压电效应"；在光轴（z 轴）方向受力时则不产生压电效应。

纵向压电效应产生的电荷为

$$Q_{xx} = d_{xx}F_x \tag{5-3}$$

式中，Q_{xx} 是垂直于 x 轴平面上的电荷；d_{xx} 为压电系数，下标的意义为产生电荷的面的轴向及施加作用力的轴向；F_x 为沿晶轴 x 方向施加的压力。

由式（5-3）可知，当晶片受到 x 方向的压力作用时，Q_{xx} 与作用力 F_x 成正比，而与晶片的几何尺寸无关。如果作用力 F_x 改为拉力时，则在垂直于 x 轴的平面上仍出现等量电荷，但极性相反。横向压电效应产生的电荷为

$$Q_{xy} = d_{xy}F_y \tag{5-4}$$

式中，Q_{xy} 为 y 轴向施加的压力，是垂直于 x 轴平面上的电荷；d_{xy} 为 y 轴向施加的压力，是垂直于 x 轴平面上产生电荷时的压电系数；F_y 为沿晶轴 y 方向施加的压力。

石英晶体的上述特性与其内部分子结构有关。为了较直观地了解石英晶体的压电效应，将石英晶体的硅离子和氧离子排列在垂直于晶体 z 轴的 xy 平面上的投影如图 5-3 所示。图中是一个单元组体中构成石英晶体的硅离子和氧离子，其在垂直于 z 轴的 xy 平面上的投影，等效为一个正六边形排列。当石英晶体未受外力作用时，正、负离子正好分布在正六边形的顶角上，形成三个互成 120° 夹角的电偶极矩 P_1、P_2、P_3，如图 5-3（a）所示。

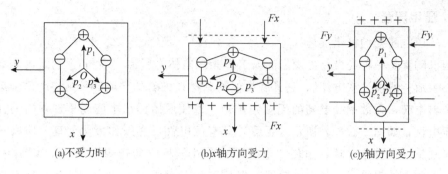

| (a)不受力时 | (b)x轴方向受力 | (c)y轴方向受力 |

注：图中⊕代表 Si^{4+}，⊖代表 $2O^{2-}$

图 5-3　石英晶体压电模型

由于 $P=qL$，q 为电荷量，L 为正负电荷之间的距离。此时，图 5-3（a）正负电荷中心重合，电偶极矩的矢量和等于零，即 $P_1+P_2+P_3=0$，所以晶体表面不产生电荷，即呈中性。

当石英晶体受到沿 x 轴方向的压力作用时，晶体沿 x 轴方向将产生压缩变形，正负离子的相对位置也随之变动。如图 5-3（b）所示，此时正负电荷重心不再重合，电偶极矩在 x 轴方向上的分量由于 P_1 的减小和 P_2、P_3 的增加而不等于零，即 $P_1+P_2+P_3>0$。在 x 轴的负方向出现正电荷，电偶极矩在 y 轴方向上的分量仍为零，不出现电荷。

当晶体受到沿 y 轴方向的压力作用时，晶体的变形如图 5-3c 所示，P_1 增大，P_2、P_3 减小。在 x 轴上出现电荷，它的极性为 x 轴正向为正电荷。在 y 轴方向上不出现电荷。如果沿 z 轴方向施加作用力，因为晶体在 x 轴方向和 y 轴方向所产生的形变完全相同，所以正负电荷重心保持重合，电偶极矩矢量和等于零。这表明沿 z 轴方向施加作用力，晶体不会产生压电效应。当作用力 F_x、F_y 的方向相反时，电荷的极性也随之改变。

压电石英的主要性能特点是：①压电常数小，时间和温度稳定性极好。②机械强度和品质因素高，且刚度大，固有频率高，动态特性好。③居里点 573℃，无热释电性，且绝缘性、重复性均好。

（2）其他压电单晶

在压电单晶中除天然和人工石英晶体外，锂盐类压电和铁电单晶如铌酸锂（LiNbO₃）、锗酸锂（LiGeO₃）等材料，也已经在传感器技术中日益得到广泛应用，其中以铌酸锂为典型代表。铌酸锂是一种无色或浅黄色透明铁电晶体，它是一种多畴单晶。它必须通过极化处理后才能成为单畴单晶，从而呈现出类似单晶体的特点，即机械性能各向异性。其时间稳定性好、居里点高达 1200℃，在高温、强辐射条件下，仍具有良好的压电性，且机械性能如机电耦合系数、介电常数、频率常数等均保持不变。此外，它还具有良好的光电、声光效应，因此在光电、微声和激光等器件方面都有重要的应用。其不足之处是质地脆、抗机械和热冲击性差。

2. 压电陶瓷

（1）压电陶瓷的极化处理

压电陶瓷是一种经极化处理后的人工多晶铁电体。所谓"多晶"，它是由无数细微的单晶组成；所谓"铁电体"，它具有类似铁磁材料磁畴的"电畴"结构。每个单晶形成一个单电畴，无数单晶电畴的无规则排列，致使原始的压电陶瓷呈现各向同性而不具有压电性，如图 5-4（a）所示。要使之具有压电性，必须作极化处理，即在一定温度下对其施加强直流电场，迫使"电畴"趋向外电场方向作规则排列，如图 5-4（b）所示；极化电场去除后，趋向电畴基本保持不变，形成很强的剩余极化，从而呈现出压电性，如图 5-4（c）所示。

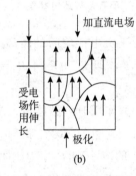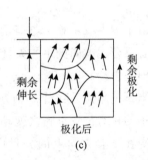

图 5-4　压电陶瓷极化过程示意图

（2）常用的压电陶瓷

①钛酸钡压电陶瓷。钛酸钡（$BaTiO_3$）由碳酸钡（$BaCO_3$）和氧化钛（TiO_2）在高温下合成。

②锆钛酸铅系压电陶瓷（PZT）。锆钛酸铅是由钛酸铅（$PbTiO_2$）和锆酸铅（$PbZrO_3$）组成的固溶体 Pb（$ZrTiO_3$）。

③铌酸盐系压电陶瓷。铌酸盐系压电陶瓷以铌酸钾（$KNbO_3$）和铌酸铅（$PbNbO_2$）为基础制成。

除了以上几种压电材料，近年来，又出现了铌镁酸铅压电陶瓷（PMN），它具有极高的压电常数，居里点为 260℃，可承受 $700Kg/cm^2$ 的压力。

压电陶瓷的特点是压电常数大，灵敏度高；制造工艺成熟，可通过合理配方和掺杂等人工控制来达到所要求的性能；成形工艺性也好，成本低廉，利于广泛应用。随着信息产业的飞速发展，压电陶瓷频率器件（滤波器、谐振器、陷波器、鉴频器等）已在音视频、通信、电脑周边等领域大量应用。在日常生活中，如香烟、煤气灶、热水器的点火要用到压电点火器。

3. 新型压电材料

（1）压电半导体

硫化锌（ZnS）、碲化镉（CdTe）、氧化锌（ZnO）、硫化镉（CdS）等，这些材料显著的特点是既具有压电特性又具有半导体特性。因此既可用其压电性研制传感器，又可用其半导体特性制作电子器件；也可以二者合一，集元件与线路于一体，研制成新型集成压电传感器测试系统。

（2）有机高分子压电材料

某些合成高分子聚合物，经延展拉伸和电极化后具有压电性的高分子压电薄膜，如聚氟乙烯（PVF）等。另外，还有在高分子化合物中掺杂压电陶瓷 PZT 或 $BaTiO_3$ 粉末制成的高分子压电薄膜。

5.2　压电式传感器测量电路

5.2.1　压电元件的等效电路

当压电元件受到沿敏感轴方向的外力作用时，在它的两个极面上出现极性相反但电量相等的电荷，因此压电元件可以看成是一个电荷发生器，如图 5-5（a）所示。同时也可以把它看作两极板上聚集异性电荷，中间为绝缘体的电容器，如图 5-5（b）所示。

电容器上的电容量为

$$C_a = \frac{\varepsilon S}{\delta} = \frac{\varepsilon_r \varepsilon_0 S}{\delta} \tag{5-5}$$

当两极板上聚集异性电荷时，则两极板呈现一定的电压，其大小为

$$U_a = \frac{Q}{C} \tag{5-6}$$

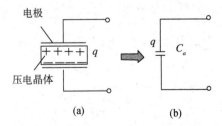

图 5-5　压电式传感器的等效电路

压电式传感器在实际应用中，由于单片的输出电荷很小，因此组成压电式传感器的晶片不止一片，常常将两片或两片以上的晶片粘结在一起。粘结的方法有两种，即串联和并联。

图 5-6（a）为两压电元件的串联接法，若为 n 片压电元件的串联，其输出电容 C' 为单片电容 C 的 $1/n$，即 $C' = C/n$，输出电荷量 Q' 与单片电荷量 Q 相等，即 $Q' = Q$，

输出电压 U' 为单片电压的 n 倍，即 $U'=nU$。

图 5-6（b）为两压电元件的并联接法，若为 n 片压电元件的并联，其输出电容 C' 为单片电容 C 的 n 倍，即 $C'=nC$，输出电荷量 Q' 为单片电荷量 Q 的 n 倍，即 $Q'=nQ$，输出电压 U' 与单片电压 U 相等，即 $U'=U$。

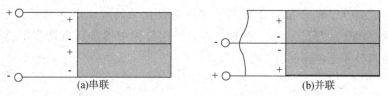

图 5-6　压电元件的串联和并联

两种连接方式中，串联接法输出电压高，本身电容小，适用于以电压为输出信号和测量电路输入阻抗很高的场合；并联接法输出电荷大，本身电容大，时间常数大，适用于测量缓变信号，并以电荷量作为输出的场合。

压电元件在压电式传感器中必须有一定的预应力，这样可以保证在作用力变化时，压电片始终受到压力，同时也保证了压电片的输出与作用力的线性关系。

5.2.2　压电式传感器的测量电路

压电式传感器的内阻抗很高，而输出的信号微弱，因此一般不能直接显示和记录。

压电式传感器要求测量电路的前级输入端要有足够高的阻抗，这样才能防止电荷迅速泄漏而使测量误差减小。

压电式传感器的前置放大器有两个作用：一是把传感器的高阻抗输出变换为低阻抗输出；二是把传感器的微弱信号进行放大。

1. 电压放大器

压电式传感器接电压放大器的等效电路图如图 5-7（a）所示。图 5-7（b）为简化后的等效电路，其中，u_i 为放大器输入电压；$C=C_c+C_i$；$R=\dfrac{R_aR_i}{R_a+R_i}$；$u_a=\dfrac{Q}{C_a}$。

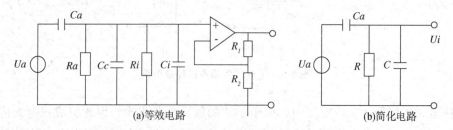

图 5-7　压电式传感器接电压放大器的等效电路

假设压电式传感器受力为

$$F = F_m\sin\omega t \tag{5-7}$$

则在压电元件上产生的电压为

$$u_a = \frac{dF_m}{C_a}\sin\omega t \tag{5-8}$$

当 $\omega R(C_i + C_c + C_a) \gg 1$ 时，放大器的输入电压为

$$u_i = \frac{\dfrac{R\dfrac{1}{j\omega C}}{R + \dfrac{1}{j\omega C}}}{\dfrac{1}{j\omega C_a} + \dfrac{R\dfrac{1}{j\omega C}}{R + \dfrac{1}{j\omega C}}} u_a = \frac{j\omega R}{1 + j\omega R(C + C_a)} dF \tag{5-9}$$

而在放大器输入端形成的电压为

$$u_i \approx \frac{d}{C_i + C_c + C_a} F \tag{5-10}$$

由式（5-10）可以看出，放大器输入电压幅度与被测频率无关。当改变连接传感器与前置放大器的电缆长度时，C_c 将改变，从而引起放大器的输出电压也发生变化。在设计时，通常把电缆长度定为一常数，使用时如要改变电缆长度，则必须重新校正电压灵敏度值。

2. 电荷放大器

电荷放大器是一种输出电压与输入电荷量成正比的前置放大器。它实际上是一个具有反馈电容的高增益运算放大器。图 5-8 为压电式传感器与电荷放大器连接的等效电路，图中 C_f 为放大器的反馈电容，其符号与电压放大器相同。

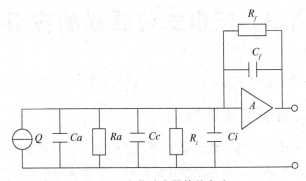

图 5-8　电荷放大器等效电路

如果忽略电阻 R_a、R_i 及 R_f 的影响，则输入到放大器的电荷量为

$$Q_i = Q - Q_f \tag{5-11}$$

$$Q_f = (U_i - U_o)C_f = \left(-\frac{U_o}{A} - U_o\right)C_f = -(1 + A)\frac{U_o}{A}C_f$$

$$Q_i = U_i(C_i + C_c + C_a) = -\frac{U_o}{A}(C_i + C_c + C_a)$$

式中，A 为开环放大系数。所以有

$$-\frac{U_o}{A}(C_i + C_c + C_a) = Q - \left[-(1+A)\frac{U_o}{A}C_f \right] = Q + (1+A)\frac{\dot{U_o}}{A}C_f$$

故放大器的输出电压为

$$U_o = \frac{-AQ}{C_i + C_c + C_a + (1+A)C_f} \tag{5-12}$$

当 $A \gg 1$，而 $(1+A)C_f \gg C_i + C_c + C_a$ 时，放大器输出电压可以表示为

$$U_o = \frac{-Q}{C_f} \tag{5-13}$$

由式（5-13）可以看出，由于引入了电容负反馈，电荷放大器的输出电压仅与传感器产生的电荷量及放大器的反馈电容有关，电缆电容等其他因素对灵敏度的影响可以忽略不计。

电荷放大器的灵敏度为

$$S = \frac{U_o}{Q} = -\frac{1}{C_f} \tag{5-14}$$

可见放大器的输出灵敏度取决于 C_f。在实际电路中，是采用切换运算放大器负反馈电容 C_f 的办法来调节灵敏度的。C_f 越小则放大器的灵敏度越高。

为了放大器的工作稳定，减小零漂，在反馈电容 C_f 两端并联了一反馈电阻，形成直流负反馈，用以稳定放大器的直流工作点。

5.3　压电式传感器的应用

压电式传感器常用来测量力、压力、振动和加速度，也用于声学和声发射等测量。

5.3.1　压电式加速度传感器

压电式加速度传感器又称压电加速度计，它也属于惯性式传感器。它是利用某些物质如石英晶体的压电效应，在加速度计受振时，质量块加在压电元件上的力也随之变化。当被测振动频率远远低于加速度计的固有频率时，则力的变化与被测加速度成正比。

图 5-9（a）是 YD 系列压电式加速度传感器实物图。图 5-9（b）是一种压电式加速度传感器的内部结构示意图，它主要由压电元件、质量块、预压弹簧、基座及外壳等组成。整个部件装在外壳内，并由螺栓加以固定。压电式加速度传感器压电元件一般由两块压电晶片组成。在压电晶片的两个表面上镀有电极，并引出引线。在压电晶

片上放置一个质量块，质量块一般采用较大的金属钨或高比重的合金制成。然后用一硬弹簧或螺栓、螺帽对质量块预加载荷，整个组件装在一个基座的金属壳体中。为了隔离试件的任何应变传送到压电元件上去，避免产生假信号输出，所以一般要加厚基座或选用刚度较大的材料来制造，壳体和基座的重量差不多占传感器重量的一半。

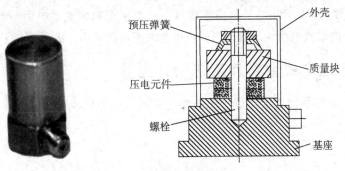

(a) YD 系列压电式加速度传感器实物图　　(b) 压电式加速度传感器内部结构示意图

图 5-9　压电式加速度传感器

　　测量时，将传感器基座与试件刚性地固定在一起。当传感器受振动力作用时，由于基座和质量块的刚度相当大，而质量块的质量相对较小，可以认为质量块的惯性很小。因此，质量块经受到与基座相同的运动，并受到与加速度方向相反的惯性力的作用。这样，质量块就有一正比于加速度的应变力作用在压电晶片上。由于压电晶片具有压电效应，因此在它的两个表面上就产生交变电荷（电压），当加速度频率远低于传感器的固有频率时，传感器的输出电压与作用力成正比，亦即与试件的加速度成正比。输出电量由传感器输出端引出，输入到前置放大器后就可以用普通的测量仪器测试出试件的加速度；如果在放大器中加进适当的积分电路，就可以测试试件的振动速度。

　　当加速度传感器和被测物一起受到冲击振动时，压电元件受质量块惯性力的作用，根据牛顿第二定律，此惯性力是加速度的函数，即

$$F = ma \tag{5-15}$$

式中，F 为质量块产生的惯性力；m 为质量块的质量；a 为加速度。

　　此时惯性力 F 作用于压电元件上，因而产生电荷 q，当传感器选定后，m 为常数，则传感器输出电荷为

$$q = dF = dma \tag{5-16}$$

　　输出电荷与加速度 a 成正比。因此，测得加速度传感器输出的电荷便可知加速度的大小。

　　压电式加速度传感器的结构形式主要有压缩型、剪切型和复合型三种。

　　压电式加速度传感器是一种常用的加速度计。它具有结构简单、体积小、重量轻、使用寿命长等优异的特点。压电式加速度传感器在飞机、汽车、船舶、桥梁和建筑的振动和冲击测量中已经得到了广泛的应用，特别是在航空和宇航领域中更有它的特殊地位。压电式传感器也可以用来测量发动机内部燃烧压力与真空度。还可以用于军事

工业，如用它来测量枪炮子弹在膛中击发的一瞬间的膛压的变化和炮口的冲击波压力。它既可以用来测量大的压力，也可以用来测量微小的压力。

随着电子技术的发展，目前大部分压电式加速度计在壳体内都集成放大器，由它来完成阻抗变换的功能。这类内装集成放大器的加速度计可使用长电缆而无衰减，并可直接与大多数通用的仪表、计算机等连接。一般采用两线制，即用两根电缆给传感器供给 $2\sim10mA$ 的恒流电源，而输出信号也由这两根电缆输出，大大方便了现场的接线。

5.3.2　压电式金属加工切削力测量

图 5-10 是利用压电陶瓷传感器测量刀具切削力的示意图。

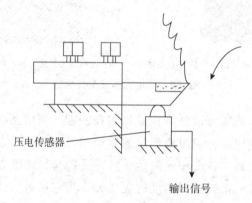

图 5-10　压电式刀具切削力测量示意图

切削力：金属切削时，刀具切入工件，使被加工材料发生变形并成为切削所需的力，称为切削力。切削力的来源：测力仪的测量原理是利用切削力作用在测力仪的弹性元件上所产生的变形，或作用在压电晶体上产生的电荷经过转换处理后，读出 F_z、F_x 和 F_y 的值。

由于压电陶瓷元件的自振频率高，特别适合测量变化剧烈的载荷。图 5-10 中压电传感器位于车刀前部的下方，当进行切削加工时，切削力通过刀具传给压电传感器，压电传感器将切削力转换为电信号输出，记录下电信号的变化便测得切削力的变化。

本章小结

本章主要讲述了压电式传感器的工作原理、压电式传感器的测量电路、压电式传感器的应用。本章知识点如下：

（1）压电效应和压电材料。某些电介质在沿一定方向上受到外力作用而变形时，内部会产生极化现象，同时在其表面上产生电荷；当外力消失后，又恢复不带电原状；当外力变向，电荷极性随之而变，这种现象称为正压电效应，或简称压电效应。如果在这些电介质的极化方向施加电场，这些电介质就在一定方向产生机械变形或机械应力。当外电场撤去时，这些变形或应力也随之消失，这种现象称之为逆压电效应，或称之为电致伸缩效应。

（2）压电元件的等效电路、压电式传感器的测量电路。压电传感器的前置放大器有两个作用：一是把传感器的高阻抗输出变换为低阻抗输出；二是把传感器的微弱信号进行放大。

（3）压电式传感器常用来测量力、压力、振动和加速度，也用于声学和声发射等的测量。

本章习题

一、填空题

1. 压电材料开始丧失压电特性时的温度称为_____。

2. 三个压电元件是串联连接，其输出电容 C' 为单片电容 C 的_____，输出电荷量 Q' 与单片电荷量 Q 的关系是_____，输出电压 U' 为单片电压的_____倍。

3. 压电传感器的前置放大器有两个作用：一是_____；二是_____。

二、简答题

1. 什么是压电效应？

2. 常用的压电材料有哪些？

3. 试着说说压电式传感器的工作原理。

4. 压电式传感器测量电路的作用是什么？其核心是解决什么问题？

三、分析题

压电式传感器是以压电元件为转换元件，输出电荷与作用力成正比的力-电转换装置。常用的形式为荷重垫圈式，它由基座、盖板、石英晶片、电极以及引出插座等组成，如图 5-11 所示。请分析以下压电式传感器的工作原理。

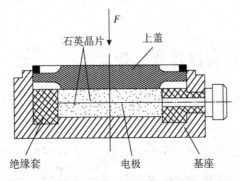

图 5-11 压电式传感器的结构

第6章 磁电式传感器

🔍 **本章导读**

　　磁电式传感器是通过磁电作用将被测量转换成感应电动势的一种传感器。它是一种机-电能量变换型传感器，不需要外部供电电源，电路简单，性能稳定，输出阻抗小，又具有一定的频率响应范围（一般为 $10\sim1000\,\mathrm{Hz}$），适用于振动、转速、扭矩等的测量。霍尔式传感器是基于霍尔效应的一种传感器，其广泛应用于电磁、压力、加速度、振动等方面的测量。

🔍 **学习目标**

- 掌握磁电感应式传感器的工作原理
- 掌握磁电感应式传感器的种类和特点
- 了解磁电感应式传感器的应用
- 掌握霍尔式传感器的工作原理
- 了解霍尔元件的基本特性
- 了解霍尔式传感器的应用

6.1　磁电感应式传感器

6.1.1　磁电感应式传感器的工作原理

　　根据电磁感应定律，当导体在稳恒均匀磁场中，沿垂直磁场方向运动时，导体内产生的感应电动势为

$$e = \left| \frac{d\varphi}{dt} \right| = Bl\frac{dx}{dt} = Blv \tag{6-1}$$

　　式中，B 为稳恒均匀磁场的磁感应强度；l 为导体的有效长度；v 为导体相对磁场的运动速度。

当一个 W 匝线圈相对静止地处于随时间变化的磁场中时，设穿过线圈的磁通为 φ，则线圈内的感应电势 e 与磁通变化率 $\dfrac{d\varphi}{dt}$ 有如下关系：

$$e = -W\frac{d\varphi}{dt} \tag{6-2}$$

根据上述原理，磁电式传感器主要设计为两种结构：变磁通式和恒磁通式。变磁通式又称为磁阻式，图 6-1 是变磁通式磁电传感器，用来测量旋转物体的角速度。

如图 6-1 所示为变磁通式磁电传感器，它主要由永久磁铁、软磁铁、感应线圈、铁齿轮组成。线圈、磁铁静止不动，测量齿轮安装在被测旋转体上，随被测体一起转动。每转动一个齿，齿的凹凸引起磁路磁阻变化一次，磁通也就变化一次，线圈中产生感应电势，其变化频率等于被测转速与测量齿轮上齿数的乘积。这种传感器结构简单，但输出信号较小，且因高速轴上加装齿轮较危险而不宜测量高转速的场合。

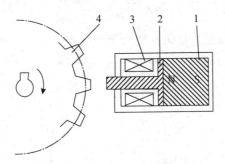

1—永久磁铁；2—软磁铁；3—感应线圈；4—铁齿轮

图 6-1　一种变磁通式传感器结构

图 6-2 为恒定磁通式磁电传感器典型结构图。它由永久磁铁、线圈、弹簧、金属骨架等组成。

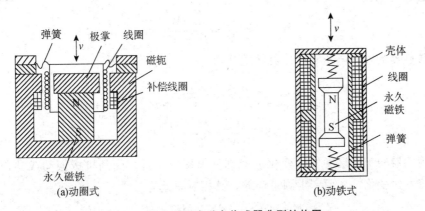

(a)动圈式　　　　　　　　　　　　(b)动铁式

图 6-2　恒定磁通式磁电传感器典型结构图

磁路系统产生恒定的直流磁场，磁路中的工作气隙固定不变，因而气隙中磁通也是恒定不变的。其运动部件可以是线圈（动圈式），也可以是磁铁（动铁式），动圈式如图 6-2（a）所示，动铁式如图 6-2（b）所示，其工作原理是一致的。当壳体随被测振动体振动时，由于弹簧较软，运动部件质量相对较大，当振动频率足够高（远大于传感器固有频率）时，运动部件惯性很大，来不及随振动体一起振动，近乎静止不动，振动能量几乎全部被弹簧吸收，永久磁铁与线圈之间的相对运动速度接近于振动体的振动速度，磁铁与线圈的相对运动切割磁力线，从而产生感应电动势为

$$e = -B_0 lWv \tag{6-3}$$

式中，B_0 为工作气隙磁感应强度；l 为每匝线圈平均长度；W 为线圈在工作气隙磁场中的匝数；v 为相对运动速度。

6.1.2 磁电感应式传感器的基本特性

当测量电路接入磁电传感器电路时，如图 6-3 所示，磁电传感器的输出电流 I_0 为

$$I_0 = \frac{E}{R + R_f} = \frac{B_0 lWv}{R + R_f} \tag{6-4}$$

式中，R_f 为测量线路输入电阻；R 为等效电阻。

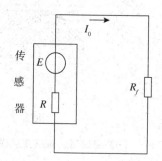

图 6-3 磁电式传感器测量电路

传感器的电流灵敏度为

$$S = \frac{I_0}{V} = \frac{B_0 lW}{R + R_f} \tag{6-5}$$

而传感器的输出电压和电压灵敏度分别为

$$U_0 = I_0 R_f = \frac{B_0 lWvR_f}{R + R_f} \tag{6-6}$$

$$S_U = \frac{U_0}{V} = \frac{B_0 lWR_f}{R + R_f} \tag{6-7}$$

当传感器的工作温度发生变化或受到外界磁场干扰、受到机械振动或冲击时，其灵敏度将发生变化，从而产生测量误差，其相对误差为

$$\gamma = \frac{dS_I}{S_I} = \frac{dB}{B} + \frac{dl}{l} - \frac{dR}{R} \tag{6-8}$$

1. 非线性误差

磁电式传感器产生非线性误差的主要原因是：由于传感器线圈内有电流 I 流过时，

将产生一定的交变磁通 φ_1，此交变磁通叠加在永久磁铁所产生的工作磁通上，使恒定的气隙磁通变化，如图 6-4 所示。当传感器线圈相对于永久磁铁磁场的运动速度增大时，将产生较大的感应电动势 e 和较大的电流 I，由此而产生的附加磁场方向与原工作磁场方向相反，减弱了工作磁场的作用，从而使得传感器的灵敏度随着被测速度的增大而降低。当线圈的运动速度与图 6-4 所示方向相反时，感应电动势 e、线圈感应电流反向，所产生的附加磁场方向与工作磁场同向，从而增大了传感器的灵敏度。其结果是线圈运动速度方向不同时，传感器的灵敏度具有不同的数值，使传感器输出的基波能量降低，谐波能量增加，即这种非线性特性同时伴随着传感器输出的谐波失真。显然，传感器灵敏度越高，线圈中的电流越大，这种非线性失真越严重。

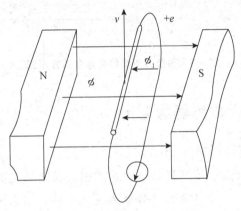

图 6-4　传感器电流的磁场效应

为补偿上述附加磁场的干扰，可在传感器中加入补偿线圈，如图 6-2（a）所示。补偿线圈接通已经放大 K 倍的电流。适当选择补偿线圈参数，可使其产生的交变磁通与传感线圈本身所产生的交变磁通相互抵消，从而达到补偿的目的。

2. 温度误差

当温度变化时，式（6-8）右边三项都不为零，所以需要进行温度补偿。对铜线而言，每摄氏度的变化量为 $dl/l \approx 0.167 \times 10^{-4}$，$dR/R \approx 0.43 \times 10^{-2}$，$dB/B$ 每摄氏度的变化量取决于永久磁铁的磁性材料。对铝镍钴永久磁合金，$dR/R \approx 0.02 \times 10^{-2}$，因此由式（6-8）可得近似值如下：

$$\gamma_t \approx \frac{-4.5\%}{10}$$

这一数值是很可观的，所以需要进行温度补偿。温度补偿通常采用热磁分流器。热磁分流器由具有很大负温度系数的特殊磁性材料做成。它在正常工作温度下已将空气隙磁通分流掉一小部分。当温度升高时，热磁分流器的磁导率显著下降，经它分流掉的磁通占总磁通的比例较正常工作温度下显著降低，从而保持空气隙的工作磁通不随温度变化，维持传感器灵敏度为常数。

6.1.3 磁电感应式传感器的测量电路

磁电式传感器直接输出感应电动势，且传感器通常具有较高的灵敏度，所以一般不需要增益放大器。但磁电式传感器是速度传感器，若要获取被测位移或加速度信号，则需要配用积分或微分电路。图 6-5 为一般测量电路方框图。

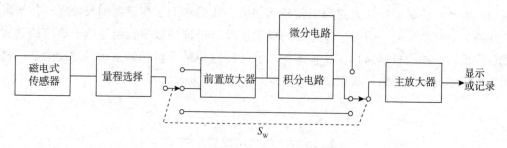

图 6-5　磁电式传感器测量电路方框图

6.1.4 磁电感应式传感器的应用

1. 动圈式振动速度传感器

图 6-6 是动圈式振动速度传感器的结构示意图。其结构主要特点是，钢制圆形外壳，里面用铝支架将圆柱形永久磁铁与外壳固定成一体，永久磁铁中间有一小孔，穿过小孔的芯轴两端架起线圈和阻尼环，芯轴两端通过圆形膜片支撑架空且与外壳相连。工作时，传感器与被测物体刚性连接，当物体振动时，传感器外壳和永久磁铁随之振动，而架空的芯轴、线圈和阻尼环因惯性而不随之振动。因而，磁路空气隙中的线圈切割磁力线而产生正比于振动速度的感应电动势，线圈的输出通过引线输出到测量电路。该传感器测量的是振动速度参数，若在测量电路中接入积分电路，则输出电势与位移成正比；若在测量电路中接入微分电路，则其输出与加速度成正比。

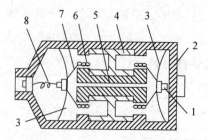

1—芯轴；2—外壳；3—弹簧片；4—铝支架；5—永久磁铁；6—线圈；7—阻尼环；8—引线

图 6-6　动圈式振动速度传感器的结构示意图

2. 磁电式扭矩传感器

图 6-7 是磁电式扭矩传感器的工作原理图。如图所示，在转轴上固定两个齿轮，它

们的材质、尺寸、齿形和齿数均相同。永久磁铁和线圈组成的两个磁电式检测头对着齿顶安装，其中两个磁电式检测头之间的距离为 d。当转轴不受扭矩时，两线圈输出信号相同，相位差为零。转轴承受扭矩后，相位差不为零，且随两齿轮所在横截面之间相对扭转角的增加而加大，其大小与相对扭转角、扭矩成正比。

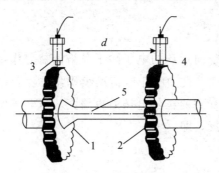

1、2—齿轮；3、4 磁电式检测头；5—转轴

图 6-7　磁电式扭矩传感器的工作原理图

6.2　霍尔式传感器

6.2.1　霍尔效应

置于磁场中的静止载流导体，当它的电流方向与磁场方向不一致时，载流导体上平行于电流和磁场方向上的两个面之间产生电动势，这种现象称为霍尔效应，该电势称为霍尔电势。如图 6-8 所示，在垂直于外磁场 B 的方向上放置一导电板，导电板通以电流 I，方向如图 6-8 所示。导电板中的电流使金属中自由电子在电场作用下做定向运动。此时，每个电子受洛伦兹力 f_1 的作用，f_1 的大小为

$$f_1 = eBv \tag{6-9}$$

式中，e 为电子电荷；v 为电子运动平均速度；B 为磁场的磁感应强度。

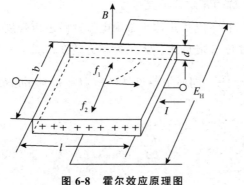

图 6-8　霍尔效应原理图

f_1 的方向在图 6-8 中是向内的，此时电子除了沿电流反方向作定向运动外，还在 f_1 的作用下漂移，结果使金属导电板内侧面积累电子，而外侧面积累正电荷，从而形成了附加内电场 E_H，称为霍尔电场，该电场强度为

$$E_H = \frac{U_H}{b} \qquad (6\text{-}10)$$

式中，U_H 为电位差。

霍尔电场的出现，使定向运动的电子除了受洛伦兹力作用外，还受到霍尔电场力的作用，其力的大小为 eE_H，此力阻止电荷继续积累。随着内、外侧面积累电荷的增加，霍尔电场增大，电子受到的霍尔电场力也增大，当电子所受洛伦兹力与霍尔电场作用力大小相等、方向相反，即

$$eE_H = eBv \qquad (6\text{-}11)$$

则

$$E_H = Bv \qquad (6\text{-}12)$$

此时电荷不再向两侧面积累，达到平衡状态。

若金属导电板单位体积内的电子数为 n，电子定向运动平均速度为 v，则激励电流 $I = nevbd$，即

$$v = \frac{1}{nebd} \qquad (6\text{-}13)$$

将式（6-13）代入式（6-12），得

$$E_H = \frac{IB}{nebd} \qquad (6\text{-}14)$$

将上式代入式（6-10），得

$$U_H = \frac{IB}{ned} \qquad (6\text{-}15)$$

式中，令 $R_H = \frac{1}{ne}$，称之为霍尔常数，其大小取决于导体载流子密度，则

$$U_H = \frac{R_H IB}{d} = K_H IB \qquad (6\text{-}16)$$

式中，$K_H = R_H/d$ 称为霍尔片的灵敏度。

由式（6-16）可见，霍尔电势正比于激励电流及磁感应强度，其灵敏度与霍尔系数 R_H 成正比而与霍尔片厚度 d 成反比。为了提高灵敏度，霍尔元件常制成薄片形状。霍尔元件激励极间电阻 $R = \frac{\rho l}{bd}$，同时 $R = U/I = El/I = vl \ (\mu nevbd)$（因为 $\mu = v/E$，μ 为电子迁移率），则

$$\frac{\rho l}{bd} = \frac{1}{\mu nebd} \qquad (6\text{-}17)$$

解得

$$R_H = \mu\rho \qquad\qquad (6\text{-}18)$$

从式（6-18）可知，霍尔常数等于霍尔片材料的电阻率与电子迁移率的乘积。若要霍尔效应强，则希望有较大的霍尔系数 R_H，因此要求霍尔片材料有较大的电阻率和载流子迁移率。一般金属材料载流子迁移率很高，但电阻率很小；而绝缘材料电阻率极高，但载流子迁移率极低，故只有半导体材料才适于制造霍尔片。目前常用的霍尔元件材料有锗、硅、砷化铟、锑化铟等半导体材料。其中 N 型锗容易加工制造，其霍尔系数、温度性能和线性度都较好。N 型硅的线性度最好，其霍尔系数、温度性能同 N 型锗。锑化铟对温度最敏感，尤其在低温范围内温度系数大，但在室温时其霍尔系数较大。砷化铟的霍尔系数较小，温度系数也较小，输出特性线性度好。

6.2.2　霍尔元件的基本结构

霍尔元件的结构很简单，它是由霍尔片、四根引线和壳体组成的，如图 6-9（a）所示。霍尔片是一块矩形半导体单晶薄片，引出四根引线：1、1′两根引线加激励电压或电流，称激励电极（控制电极）；2、2′两根引线为霍尔输出引线，称霍尔电极。霍尔元件的壳体是用非导磁金属、陶瓷或环氧树脂封装的。在电路中，霍尔元件一般可用两种符号来表示，如图 6-9（b）所示。

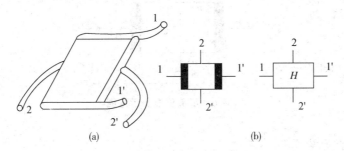

(a)　　　　　　　　　　　　(b)

1、1′—激励电极；2、2′—霍尔电极

图 6-9　霍尔元件

6.2.3　霍尔元件的主要特性参数

1. 额定激励电流和最大允许激励电流

额定激励电流指的是当霍尔元件自身温升 10℃ 时所流过的激励电流。以元件允许最大温升为限制所对应的激励电流称为最大允许激励电流。因霍尔电势随激励电流增加而线性增加，所以使用中希望选用尽可能大的激励电流，因而需要知道元件的最大允许激励电流。改善霍尔元件的散热条件，可以使激励电流增加。

2. 输入电阻及输出电阻

激励电极间的电阻称为输入电阻。霍尔电极输出电势对电路外部来说相当于一个电压源，其电源内阻即为输出电阻。以上电阻值是在磁感应强度为零，且环境温度在

20℃±5℃时所确定的。

3. 不等位电势和不等位电阻

当霍尔元件的激励电流为 I 时，若元件所处位置磁感应强度为零，则它的霍尔电势应该为零，但实际不为零，这时测得的空载霍尔电势称为不等位电势，如图 6-10 所示。产生的原因主要有以下几个。

（1）霍尔电极安装位置不对称或不在同一等电位面上。

（2）半导体材料不均匀造成了电阻率不均匀或几何尺寸不均匀。

（3）激励电极接触不良造成激励电流不均匀分布。

不等位电势也可以用不等位电阻表示：

$$r_0 = \frac{U_0}{I} \tag{6-19}$$

式中，U_0 是不等位电势，r_0 是不等位电阻，I 是激励电流。

从式（6-19）中可以看出，不等位电势就是激励电流经不等位电阻所产生的电压，如图 6-10 所示。

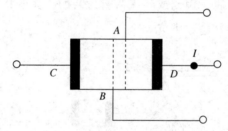

图 6-10 不等位电势示意图

4. 寄生直流电势

在外加磁场为零，霍尔元件用交流激励时，霍尔电极输出除了交流不等位电势外，还有一直流电势，称为寄生直流电势。它产生的原因有：激励电极与霍尔电极接触不良，形成非欧姆接触，造成整流效果；两个霍尔电极大小不对称，则两个电极点的热容不同，散热状态不同而形成极间温差电势。寄生直流电势一般在 1mV 以下，它是影响霍尔片温漂的原因之一。

5. 霍尔电势温度系数

在一定磁感应强度和激励电流下，温度每变化 1℃时，霍尔电势变化的百分率称为霍尔电势温度系数。它同时也是霍尔系数的温度系数。

6.2.4 霍尔元件的不等位电势补偿

不等位电势与霍尔电势具有相同的数量级，有时超过霍尔电势，而实际应用中要消除不等位电势是极其困难的，因而必须采用补偿的方法。分析不等位电势时，可以把霍尔元件等效为一个电桥，用分析电桥平衡来补偿不等位电势。

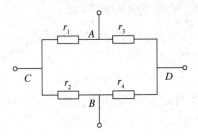

图 6-11　霍尔元件的等效电路

图 6-11 为霍尔元件的等效电路，其中 A、B 为霍尔电极，C、D 为激励电极，电极分布电阻分别用 r_1、r_2、r_3、r_4 表示，把它们看作电桥的四个桥臂。在理想情况下，电极 A、B 处于同一等位面上，$r_1 = r_2 = r_3 = r_4$，电桥平衡，不等位电势 U_0 为 0。实际上，由于 A、B 电极不在同一等位面上，此四个电阻阻值不相等，电桥不平衡，不等位电势不等于零。此时，可根据 A、B 两点电位的高低，判断应在某一桥臂上并联一定的电阻，使电桥达到平衡，从而使不等位电势为零。图 6-12 为几种不等位电势补偿电路。图 6-12（a）和图 6-12（b）为常见的补偿电路，图 6-12（b）和图 6-12（c）相当于在等效电桥的两个桥臂上同时并联电阻，图 6-12（d）用于交流供电的情况。

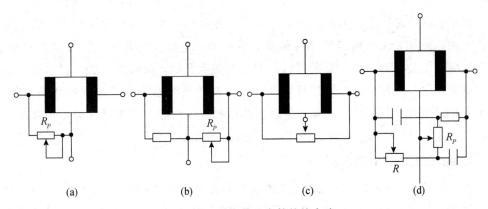

图 6-12　几种不等位电势补偿电路

6.2.5　霍尔元件温度补偿

霍尔元件是采用半导体材料制成的，因此它们的许多参数都具有较大的温度系数。当温度变化时，霍尔元件的载流子浓度、迁移率、电阻率及霍尔系数都将发生变化，从而使霍尔元件产生温度误差。

为了减小霍尔元件的温度误差，除选用温度系数小的元件或采用恒温措施外由 $U_H = K_H IB$ 可看出：采用恒流源供电是一个有效措施，可以使霍尔电势稳定。但也只能是减小由于输入电阻随温度变化所引起的激励电流 I 的变化的影响。

霍尔元件的灵敏度 K_H 也是温度的函数，它随温度变化将引起霍尔电势的变化。霍尔元件的灵敏度系数与温度的关系可写成

$$K_H = K_{H0}(1 + \alpha\Delta T) \qquad (6\text{-}20)$$

式中，K_{H0} 为温度 T_0 时的 K_H 值；$\Delta T = T - T_0$ 为温度变化量；α 为霍尔电势温度系数。

大多数霍尔元件的温度系数 α 是正值，它们的霍尔电势随温度升高而增加 $\alpha\Delta T$ 倍。但如果同时让激励电流 I 相应地减小，并能保持 $K_H \cdot I_0$ 乘积不变，也就抵消了灵敏系数 K_H 增加的影响。图 6-13 是按照该思路设计的既简单补偿效果又好的补偿电路。电路中 I_S 为恒流源，分流电阻 R_P 与霍尔元件的激励电极相并联。当霍尔元件的输入电阻随温度升高而增加时，旁路分流电阻 R_P 自动地增大分流，减小了霍尔元件的激励电流 I_H，从而达到补偿的目的。

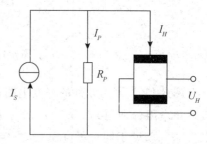

图 6-13　恒流温度补偿电路

6.2.6　霍尔式传感器的应用

霍尔元件结构简单、工艺成熟、体积小、寿命长、线性度好、频带宽，因而得到广泛应用。例如，用于测量磁感应强度、电功率、电能、大电流、微气隙中的磁场；用以制成磁读头、磁罗盘、无刷电机；用于无触点发信，做接近开关、霍尔电键；用于制成乘、除、平方、开方等计算元件；用于制作微波电路中的环形器和隔离器等。至于再经过二次或多次转换，用于非磁量的检测和控制等，霍尔元件的应用领域就更广泛了，如测量微位移、转速、加速度、振动、压力、流量和液位等。

1. 磁场测量（微磁场测量）

磁场测量方法很多，其中应用比较普遍的是以霍尔元件做探头的特斯拉计（或高斯计、磁强计），Ge 和 GaAs 霍尔元件的霍尔电动势温度系数小，线性范围大，适用于做测量磁场的探头。把探头放在待测磁场中，探头的磁敏感面要与磁场方向垂直。控制电流由恒流源（或恒压源）供给、用电表或电位差计来测量霍尔电动势。根据 $U_H = K_H I B$，若控制电流 I 不变，则霍尔输出电动势 U_H 正比于磁场强度 B，因而可利用它来测量磁场。利用霍尔元件测量弱磁场的能力，可以构成磁罗盘，在宇航和人造卫星中得到应用。

2. 电流测量（电流计）

由霍尔元件构成的电流传感器具有测量为非接触式、测量精度高、不必切断电路电流、测量的频率范围广（从零到几千赫兹）和本身几乎不消耗电路功率等特点。根据安培定律，在载流导体周围将产生一正比于该电流的磁场。用霍尔元件来测量这一磁场，可得到一正比于该磁场的霍尔电动势。通过测量霍尔电动势的大小来间接测量

电流的大小，这就是霍尔钳形电流表的基本测量原理，如图 6-14 所示。

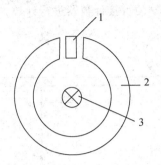

1—霍尔元件；2—环形磁铁；3—导线

图 6-14　霍尔钳形电流表的基本测量原理图

3. 霍尔转速表

如图 6-15 所示为霍尔转速表示意图，图中 1 为磁铁，2 为霍尔器件，3 为齿盘。在被测转速的转轴上安装一个齿盘，也可选取机械系统中的一个齿轮，将线性霍尔器件及磁路系统靠近齿盘，随着齿盘的转动，磁路的磁阻也发生周期性的变化，测量霍尔器件输出的脉动频率，该脉动频率经隔直、放大、整形后，就可以确定被测物的转速。

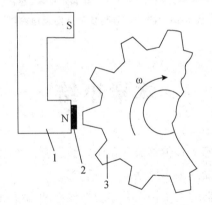

1—磁铁；2—霍尔器件；3—齿盘

图 6-15　霍尔转速表示意图

4. 霍尔计数装置

霍尔集成元件是将霍尔元件和放大器等集成在一块芯片上。它由霍尔元件、放大器、电压调整电路、电流放大输出电路、失调调整及线性度调整电路等几部分组成，有三端 T 型单端输出和八脚双列直插型双端输出两种结构。它的特点是输出电压在一定范围内与磁感应强度呈线性关系。霍尔开关传感器 SL3501T 是具有较高灵敏度的集成霍尔元件，能够感受到很小的磁场变化，因而可对黑色金属零件进行计数检测。

图 6-16 是钢球计数装置示意图及电路图，图中 1 是钢球、2 是非金属板、3 是 SL3501T 霍尔开关传感器、4 是磁钢。当钢球通过霍尔开关传感器时，传感器可输出

峰值为 20mV 的脉冲电压，该电压经运算放大器（μA741）放大后，驱动半导体三极管 VT（2N5812）工作，输出端便可接计数器进行计数，并由显示器显示检测数值。

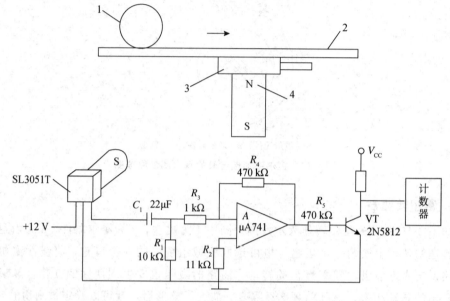

1—钢球；2—非金属板；3—SL3501T 霍尔开关传感器；4—磁钢

图 6-16　钢球计数装置示意图及电路图

本章小结

本章主要讲述了磁电感应式传感器和霍尔式传感器。本章知识点如下：

（1）磁电感应式传感器的工作原理。

（2）磁电感应式传感器的基本特性有非线性误差和温度误差。

（3）磁电感应式传感器的测量电路；磁电感应式传感器的应用：动圈式振动速度传感器、磁电式扭矩传感器。

（4）置于磁场中的静止载流导体，当它的电流方向与磁场方向不一致时，载流导体上平行于电流和磁场方向上的两个面之间产生电动势，这种现象称为霍尔效应。

（5）霍尔元件的结构由霍尔片、四根引线和壳体组成。

（6）霍尔元件的主要特性参数：额定激励电流和最大允许激励电流、输入电阻及输出电阻、不等位电势和不等位电阻、寄生直流电势、霍尔电势温度系数。

（7）霍尔元件的不等位电势补偿、霍尔元件的温度补偿。

（8）霍尔式传感器的应用：磁场测量（微磁场测量）、电流测量（电流计）、霍尔转速表、霍尔计数装置。

本章习题

一、填空题

1. 磁电式传感器主要设计为两种结构＿＿＿＿＿＿和＿＿＿＿＿＿。

2. 置于磁场中的静止载流导体，当它的电流方向与磁场方向不一致时，载流导体上平行于电流和磁场方向上的两个面之间产生电动势，这种现象称为＿＿＿＿＿＿。

3. 激励电极间的电阻称为＿＿＿＿＿＿。

4. ＿＿＿＿＿＿指的是当霍尔元件自身温升 10℃时所流过的激励电流。

二、简答题

1. 简述变磁通式和恒磁通式磁电传感器的工作原理。

2. 什么是霍尔效应？

3. 说说霍尔电势产生的过程。霍尔电势的大小与哪些因素相关？

4. 霍尔元件存在不等位电势的主要原因有哪些？

三、计算与分析题

1. 为什么霍尔元件要进行温度补偿？主要有哪些补偿方法？补偿的原理是什么？

2. 如图 6-17 所示为霍尔式转速测量装置的结构原理图。调制盘上有 100 对永久磁极，N、S 极交替放置，调制盘由转轴带动旋转，在磁极上方固定一个霍尔元件，每通过一对磁极霍尔元件产生一个方脉冲送到计数器。假定 $t=5\text{min}$ 采样时间内，计数器收到 N＝15 万个脉冲。求转速为每分钟多少转。

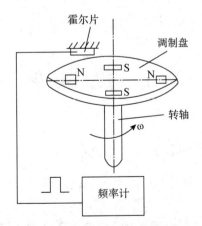

图 6-17　霍尔式转速测量装置的结构原理图

第7章 热敏传感器

本章导读

机电工程中常用的热敏传感器有热电式和热电阻式两大类型。热电式是利用热电效应,将热直接转换成为电量输出。典型的器件有热电偶。热电阻式是将热转换成为材料的电阻变化,其转换原理基于热电阻效应。按热敏材料的不同,可分为金属导体热电阻和半导体热敏电阻。热电式传感器在工业生产、科学研究、民用生活等许多领域得到了广泛应用。

学习目标

- 掌握热电偶的工作原理以及常用的两个基本定律
- 掌握热电偶的种类和特点
- 掌握热电偶温度补偿原理及常用的补偿方法
- 掌握常用热电阻的特性
- 熟悉半导体热敏电阻的特性及应用

7.1 热 电 偶

7.1.1 热电偶的工作原理

热电偶温度传感器将被测温度转化为 mV 级热电动势信号输出,属于自发电型传感器。

测温范围为 $-270 \sim 1800℃$,测温时需将热电偶通过连接导线与显示仪表相连接组成测温系统,实现远距离温度自动测量、显示、记录、报警和控制等,如图 7-1 所示的热电偶测温系统应用非常广泛。

1. 热电效应

将两种不同的导体或半导体两端相接组成闭合回路,如图 7-2 所示,当两个接点分

别置于不同温度 T、T_0（$T>T_0$）中时，回路中就会产生一个热电动势，这种现象称为热电效应。这两种导体称为热电极，所组成的回路称为热电偶，热电偶的两个工作端分别称为热端和冷端。通常热端被放入到被测介质中，冷端又称作参考端与测量仪表的导线相连接。

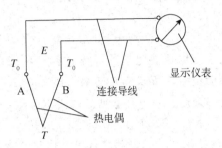

图 7-1　热电偶测温系统示意图

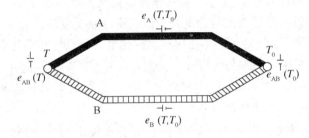

图 7-2　热电偶回路

热电偶回路产生的热电动势由接触电动势和温差电动势两部分组成。下面以导体为例说明热电动势的产生。

（1）接触电动势

当 A、B 两种不同导体接触时，由于两者电子密度不同（设 $N_A>N_B$），从 A 扩散到 B 的电子数要比从 B 扩散到 A 的电子数多，于是在 A、B 接触面上形成了一个由 A 到 B 的静电场。该静电场的作用一方面阻碍了 A 导体电子的扩散运动，同时对 B 导体电子的扩散运动起促进作用，最后达到动态平衡状态。这时 A、B 接触面所形成的电位差称为接触电动势，其大小分别用 $e_{AB}(T)$、$e_{AB}(T_0)$ 表示。

接触电动势的大小与接点处温度高低和导体的电子密度有关。温度越高，接触电动势越大；两种导体电子密度的比值越大，接触电动势越大。

（2）温差电动势

将一根导体的两端分别置于不同的温度 T、T_0（$T>T_0$）中时，由于导体热端的自由电子具有较大的动能，使得从热端扩散到冷端的电子数比从冷端扩散到热端的多，于是在导体两端便产生了一个由热端指向冷端的静电场。与接触电动势形成原理相同，在导体两端产生了温差电动势，分别用 $e_A(T,T_0)$、$e_B(T,T_0)$ 表示。

温差电动势的大小与导体的电子密度及两端温度有关。

2. 热电偶回路总热电动势

热电偶回路的总热电动势包括两个接触电动势和两个温差电动势，即

$$E_{AB}(T,\ T_0)=e_{AB}(T)-e_{AB}(T_0)-e_A(T,\ T_0)+e_B(T,\ T_0) \tag{7-1}$$

由于热电偶的接触电动势远远大于温差电动势，且 $T>T_0$，因此总热电动势的方向取决于 $e_{AB}(T)$，故式（7-1）可以写为

$$E_{AB}(T,\ T_0)=e_{AB}(T)-e_{AB}(T_0) \tag{7-2}$$

显然，热电动势的大小与组成热电偶的导体材料和两接点的温度有关。热电偶回路中导体电子密度大的称为正极，所以 A 为正极，B 为负极。

当热电偶两电极材料确定后，热电动势便是两接点温度 T 和 T_0 的函数差，即

$$E_{AB}(T,\ T_0)=f(T)-f(T_0) \tag{7-3}$$

如果使冷端温度 T_0 保持不变，热电动势就成为热端温度 T 的单一函数，即

$$E_{AB}(T,\ T_0)=f(T)-C=\varphi(T) \tag{7-4}$$

热电偶的热电动势与温度的对应关系通常使用热电偶分度表查询，限于篇幅本书附录一仅给出了镍铬—镍硅热电偶分度表。但应注意分度表是在 $T_0=0℃$ 时编制的。

可见当冷端温度 T_0 恒定时，热电偶产生的热电动势只与热端的温度有关，即只要测得热电动势，便可确定热端的温度 T。由此，得到有关热电偶的几个结论如下：

（1）热电偶必须采用两种不同的材料作为电极，否则无论导体截面如何、温度分布如何，回路中的总热电动势恒为零。

（2）若热电偶两接点温度相同，尽管采用了两种不同的金属，回路总电动势恒为零。

（3）热电偶回路总热电动势的大小与材料和接点温度有关，与热电偶的尺寸、形状无关。

7.1.2 热电偶的基本定律

1. 中间导体定律

在热电偶回路中接入第三种导体，只要第三种导体和原导体的两接点温度相同，则回路中总的热电动势不变。

热电偶的这种性质在工业生产中是很实用的。例如，可以将显示仪表或调节器作为第三种导体直接接入回路中进行测量，也可以将热电偶的两端不焊接而直接插入液态金属中或直接焊在金属表面进行温度测量。

如果接入的第三种导体两端温度不相等，热电偶回路的热电动势将会发生变化，变化量的大小取决于导体的性质和接点的温度。因此，测量过程中必须接入的第三种导体不宜采用与热电偶热电性质相差很大的材料，否则，一旦该材料两端温度有所变化，热电动势的变化将会很大。

2. 中间温度定律

热电偶在两接点温度 T、T_0 时的热电动势等于该热电偶在接点温度为 T、T_n 和

T_n、T_0 时的热电动势的代数和，即

$$E_{AB}(T，T_0) = E_{AB}(T，T_n) + E_{AB}(T_n，T_0) \qquad (7-5)$$

当 $T_0 = 0$，$T_n = T_0$ 时，上式可写成

$$E_{AB}(T，0) = E_{AB}(T，T_0) + E_{AB}(T_0，0) \qquad (7-6)$$

热电偶测温时通常冷端温度 $T_0 \neq 0$，这时就可以利用分度表和式（7-6）求出 $E_{AB}(T，T_0)$，从而确定被测温度 T。

同时，中间温度定律也为补偿导线的使用提供了理论依据。若热电偶的两热电极被两根导体延长，只要接入的两根导体组成的热电偶的热电特性与被延长的热电偶的热电特性相同，且它们之间连接的两点温度相同，则总回路的热电动势与连接点温度无关，只与延长以后的热电偶两端的温度有关。

热电偶的基本定律还有参比电极定律、均质导体定律等。

7.1.3　热电偶的材料、结构及种类

1. 热电偶材料

由金属的热电效应原理可知，热电偶的热电极可以是任意金属材料。但在实际应用中，用做热电极的材料应具备如下几方面的条件：

（1）测量范围广。要求在规定的温度测量范围内具有较高的测量精确度、较大的热电动势，温度与热电动势的关系是单值函数。

（2）性能稳定。要求在规定的温度测量范围内使用时热电性能稳定，有较好的均匀性和复现性。

（3）化学性能好。要求在规定的温度测量范围内使用时有良好的化学稳定性、抗氧化或抗还原性能，不产生蒸发现象。

满足上述条件的热电偶材料并不很多。目前，我国大量生产和使用的、性能符合专业标准或国家标准并具有统一分度表的热电偶材料称为定型热电偶材料，共有 6 个品牌。它们分别是铂铑$_{30}$-铂铑$_6$、铂铑$_{10}$-铂、镍铬-镍硅、镍铬-镍铜、镍铬-镍铝、铜-铜镍。此外，我国还生产一些未定型的热电偶材料，如铂铑$_{13}$-铂、铱铑$_{40}$-铱、钨铼$_5$-钨铼$_{20}$ 及双铂钼热电偶等。这些非标热电偶应用于一些特殊条件下的测温，如超高温、极低温、高真空或核辐射等环境中。

2. 热电偶结构

热电偶温度传感器广泛应用于工业生产过程中的温度测量，根据其用途和安装装置的不同，它具有多种结构形式。

（1）普通工业热电偶

普通工业热电偶通常由热电极、绝缘管、保护套管和接线盒等几个主要部分组成，其结构如图 7-3 所示。

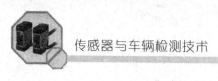

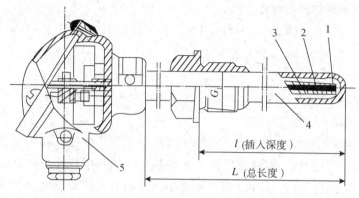

1—测量端；2—热电极；3—绝缘管；4—保护套管；5—接线盒

图 7-3　普通工业热电偶结构

①热电极：又称偶丝，它是热电偶的基本组成部分，用普通金属做成偶丝，直径一般为 0.5~3.2mm，用贵重金属做成的偶丝，直径一般为 0.3~0.6mm；偶丝长度由工作端插入在被测介质中的深度来决定，通常为 300~2000mm，常用的长度为 350mm。

②绝缘管，又称绝缘子，是用于防止热电极之间及热电极与保护套之间短路而进行绝缘保护的零件。形状一般为圆形或椭圆形，中间开有 2 个、4 个或 6 个孔，偶丝穿孔而过。材料为黏土质、高铝质、刚玉质等，材料选用视使用的热电偶而定。

③保护套管：保护套管是用于保护热电偶感温元件免受被测介质化学腐蚀和机械损伤的装置，形状一般为圆柱形。保护套管应具有耐高温、耐腐蚀、导热性好的特性。可以用做保护套管的材料有金属、非金属及金属陶瓷三类。金属材料有铝、黄铜、碳钢、不锈钢等。其中 1Cr18Ni9Ti 不锈钢是目前热电偶保护套管使用的典型材料；非金属材料有高铝质（Al_2O_3 的质量分数为 85%~90%）、刚玉质（Al_2O_3 的质量分数为 99%），使用温度都在 1300℃ 以上；金属陶瓷材料有氧化镁-钼金属，使用温度在 1700℃，且在高温下有很好的抗氧化能力，适用于钢水温度的连续测量。

④接线盒：热电偶的接线盒用于固定接线座和连接外界导线，起着保护热电极免受外界环境侵蚀和保证外接导线与接线柱接触良好的作用。接线盒一般由铝合金制成，根据被测介质温度对象和现场环境条件要求，可设计成普通型、防溅型、防水型、防爆型等接线盒。

（2）铠装热电偶

铠装热电偶是由金属套管、绝缘材料和热电极经焊接密封和装配等工艺制成的坚实组合体。金属套管材料可以是铜、不锈钢（1Cr18Ni9Ti）或镍基高温合金（GH30）等，绝缘材料常使用电熔氧化镁、氧化铝、氧化铍等的粉末；而热电极无特殊要求。套管中热电极有单支（双芯）、双支（四芯），彼此间互不接触。中国已生产 S 型、R 型、B 型、K 型、E 型、J 型和铱铑40-铱等铠装热电偶，套管最长可达 100m 以上，管外径最细能达 0.25mm。铠装热电偶已达到标准化、系列化。铠装热电偶具有体积小、热容量小、动态响应快、可挠性好、柔软性良好、强度高、耐压、耐震、耐冲击等许多优点，因此被广泛应用于工业生产过程。

根据不同的使用条件，铠装热电偶接线盒的结构有不同的形式，如简易式、带补偿导线式、插座式等，选用时可参考有关资料。

3. 热电偶种类

（1）标准型热电偶

所谓标准型热电偶是指制造工艺比较成熟、应用广泛、能成批生产、性能优良且稳定并已列入工业标准化文件中的热电偶。由于标准化文件对同一型号的标准热电偶规定了统一的热电极材料及其化学成分、热电性质和允许偏差，故同一型号的标准型热电偶互换性好，具有统一的分度表，并有与其配套的显示仪表可供选用。

国际电工委员会 1975 年向世界各国推荐了七种标准型热电偶。我国生产的符合 IEC 标准的热电偶有六种。例如铂铑$_{30}$-铂铑$_6$，在热电偶的名称中，正极写在前面，负极写在后面，其中铂铑$_{30}$ 表示该合金含 70% 的铂及 30% 的铑。

（2）非标准型热电偶

非标准型热电偶包括铂铑系、铱铑系及钨铼系热电偶等。

铂铑系热电偶有铂铑$_{20}$-铂铑$_5$、铂铑$_{40}$-铂铑$_{20}$ 等一些种类，其共同的特点是性能稳定，适用于各种高温测量。

铱铑系热电偶有铱铑$_{40}$-铱、铱铑$_{60}$-铱。这类热电偶长期使用的测温范围在 2000℃ 以下，且热电动势与温度线性关系好。

钨铼系热电偶有钨铼$_3$-钨铼$_{25}$、钨铼$_5$-钨铼$_{20}$ 等种类，最高使用温度受绝缘材料的限制，目前可达 2500℃ 左右，主要用于钢水连续测温、反应堆测温等场合。

（3）薄膜热电偶

薄膜热电偶是由两种金属薄膜连接而成的一种特殊结构的热电偶，它的测量端既小又薄，热容量很小，动态响应快，可用于微小面积的温度测量和快速变化的表面温度测量。

薄膜热电偶测温时需用胶黏剂紧粘在被测物表面，所以热损失很小，测量精度高。由于使用温度受胶黏剂和衬垫材料限制，目前只能用于 −200～300℃ 范围内。

7.1.4　热电偶的冷端补偿

由热电偶的工作原理可知，热电偶所产生的热电动势不仅与热端温度有关，而且还与冷端的温度有关。只有当冷端温度恒定时，热电动势才是热端温度的单值函数。由于热电偶分度表是以冷端温度为 0℃ 时做出的，因此在使用时要正确反映热端温度（被测温度），最好设法使冷端温度恒为 0℃，否则将产生测量误差。但在实际应用中，热电偶通常靠近被测对象，且受到周围环境温度的影响，其冷端温度不可能恒定不变。为此，必须采取一些相应的措施进行补偿或修正，以消除冷端温度变化和在 0℃ 时所产生的影响。常用的方法有补偿导线法、计算修正法、显示仪表机械零位调整法、补偿电桥法、冰浴法等。

1. 补偿导线法

热电偶受到材料价格的限制，一般做得比较短（除铠装热电偶外），冷端距测温对象很近，使冷端温度较高且波动较大，这时就需要采用补偿导线将冷端延伸至远离温度对象而温度恒定的场所（如控制室或仪表室）。

补偿导线由两种不同性质的廉价金属材料制成，在 0～150℃ 温度范围内与配接的热电偶具有相同的热电特性。补偿导线起到了延伸热电极的作用，达到了移动热电偶冷端位置的目的，如图 7-4 所示。

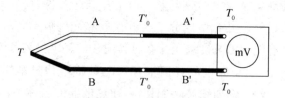

A、B—热电偶电极；A′、B′—补偿导线；T_0—热电偶原冷端温度；T'_0—热电偶新冷端温度

图 7-4　补偿导线在测温回路中的连接

补偿导线的型号由两个字母组成，第一个字母与配用热电偶的型号相对应，第二个字母表示补偿导线的类型。补偿导线分为延伸型（X）和补偿型（C）两种。延伸型补偿选用的金属材料与热电极材料相同；补偿型补偿导线所选用的金属材料与热电极材料不同。表 7-1 列出了常用热电偶补偿导线。

表 7-1　常用热电偶补偿导线

补偿导线型号	配用热电偶	补偿导线材料		补偿导线绝缘层着色	
		正极	负极	正极	负极
SC	S	铜	铜镍合金	红色	绿色
KC	K	铜	铜镍合金	红色	绿色
KX	K	镍铬合金	镍硅合金	红色	绿色
EX	E	镍硅合金	铜镍合金	红色	绿色
JX	J	铁	铜镍合金	红色	绿色
TX	T	铜	铜镍合金	红色	绿色

2. 计算修正法

在实际应用中，冷端温度并非一定为 0℃，所以测出的热电动势是不能正确反映热端实际温度的。为此，必须对温度进行计算修正。计算修正采用中间温度定律的公式（7-6）。

$$E_{AB}(T, 0) = E_{AB}(T, T_0) + E_{AB}(T_0, 0)$$

【案例1】用镍铬-镍硅热电偶测炉温，当冷端温度为 30℃（且为恒定时），测出热

端温度为 T 时的热电动势为 39.17mV，求炉子的真实温度。

解： 设炉子真实温度为 T，已知冷端温度 $T_0 = 30℃$，则热电偶测得的热电动势为

$$E\ (T,\ T_0)\ =E\ (T,\ 30)\ =39.17mV$$

查镍铬-镍硅热电偶分度表：$E\ (30,\ 0)\ =1.2mV$

根据中间温度定律：$E\ (T,\ 0)\ =E\ (T,\ 30)\ +E\ (30,\ 0)\ =39.17+1.20=40.37mV$

再查镍铬-镍硅热电偶分度表可知，40.37mV 所对应的温度为 977℃，因此炉子真实温度为 $T=977℃$。

3. 显示仪表机械零位调整法

当热电偶冷端温度已知且恒定时（$T_0 \neq 0$），工程上常用一种简单方便的机械零位调整法，进一步对温度测量值进行校正。即在未工作之前，预先将有零位调整器的温度显示仪表的指针从刻度的初始值（机械零位）调至已知的冷端温度值上即可。

调整仪表的机械零位相当于预先给仪表输入电动势 $E_{AB}\ (T_0,\ 0)$，测量过程中热电偶回路产生热电动势 $E_{AB}\ (T,\ T_0)$，这时显示仪表接收的总热电动势为 $E_{AB}\ (T,\ 0)$，所以仪表的示值即为被测温度。

当冷端温度发生变化时，应及时断电，重新调整仪表的机械零点至新的冷端温度处。

4. 补偿电桥法

补偿电桥法是利用不平衡电桥产生的不平衡电势去补偿因热电偶冷端温度变化而引起的热电动势的变化，它可以自动地将冷端温度校正到补偿电桥的平衡点温度上。

补偿器（补偿电桥）的应用如图 7-5 所示，桥臂电阻 R_1、R_2、R_3、R_{Cu} 与热电偶冷端处于相同的温度环境。R_1、R_2、R_3 均为由锰铜丝绕制的 1Ω 电阻，R_{Cu} 是用铜导线绕制的温度补偿电阻，经稳压电源提供的桥路直流电源 $E=4V$。R_s 是限流电阻，阻值大小与配用的热电偶有关。

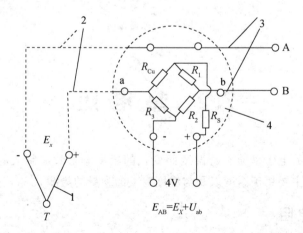

1—热电偶；2—补偿导线；3—铜导线；4—补偿电桥

图 7-5　热电偶冷端补偿电桥

一般 R_{Cu} 电阻应使不平衡电桥在 20℃（平衡点）时处于平衡，此时 $R_{Cu}^{20}=1\Omega$，电桥平衡，不起补偿作用。

冷端温度变化（设 T_0 减小）时热电偶的热电动势 E_X 将变化：$E（T，T_0）-E（T，20）=E（20，T_0）$，此时电桥平衡被破坏。若适当选择 R_{Cu} 的大小，使 $U_{ab}=-E（T，T_0）$，与热电偶的热电动势叠加后，则外电路总电动势 $U_{AB}=E_{AB}（T，20）$，而不随冷端温度变化。如果采用仪表机械零位调整法进行校正，则仪表机械零位应调至冷端温度补偿电桥的平衡点温度（20℃）处，这样即使冷端温度不断变化也不必重新调整。

冷端温度补偿电桥可以单独制成补偿器通过外线与热电偶和后续仪表连接，而它更多是作为后续仪表的输入回路，与热电偶连接。

5. 冰浴法

冰浴法通常用于实验室或精密的温度测量，如图 7-6 所示。将热电偶的冷端置于温度为 0℃ 的恒温器内（如冰水混合物），使冷端温度处于 0℃。

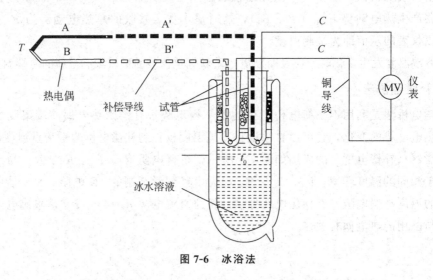

图 7-6　冰浴法

7.2　热电阻

利用导电物体的电阻率随本身温度而变化的温度电阻效应制成的传感器，称为热电阻式传感器。它主要用于温度以及与温度有关的参量的检测。

7.2.1　金属电阻

物质的电阻率随温度变化而变化的现象称为热电阻效应。当温度变化时，导体或半导体的电阻随温度变化，对金属来说，温度上升时，金属的电阻值将增大。这样，在一定温度范围内，可以通过测量电阻值的变化而得知温度的变化。常用的金属材料

有铂、铜等，其电阻与温度的关系可以近似地表示为

$$R_T = R_0[1 + \alpha(T - T_0)] = R_0(1 + \alpha \Delta T) \tag{7-7}$$

式中，R_T 是温度为 T 时的电阻值；R_0 是温度为 T_0 时的电阻值；α 为电阻温度系数。

根据式（7-7）可知，通过测量金属丝的电阻就可以确定被测物体的温度值。

为了提高测温的灵敏度和准确度，所选的热敏金属材料应具有尽可能大的温度灵敏系数和稳定的物理、化学性能，并具有良好的抗腐蚀性和线性。常用的铂材料具有这些优点。

用金属温度计测温时，一般先把温度变化引起的电阻变化量通过电桥转换为电压的变化，再经放大或直接由显示仪表显示被测温度值。常用的显示仪表有测温比率计、动圈式温度指示器、手动或自动平衡桥和数字仪表等。

7.2.2 半导体热敏电阻

半导体热敏电阻是利用半导体的电阻值随温度显著变化的特性制成的。在一定的范围内通过测量热敏电阻阻值的变化情况，就可以确定被测介质的温度变化情况。其特点是灵敏度高、体积小、反应快。半导体热敏电阻基本可以分为以下两种类型。

1. 负温度系数热敏电阻（NTC）

NTC 热敏电阻研制较早，最常见的是由锰、钴、铁、镍、铜等多种金属氧化物混合烧结而成。

根据不同的用途，NTC 又可以分为两类。第一类为负指数型，用于测量温度，它的电阻值与温度之间呈负的指数关系；第二类为负突变型，当其温度上升到某设定值时，其电阻值突然下降，多在各种电子电路中用于抑制浪涌电流，起保护作用。负指数型和负突变型的温度-电阻特性曲线分别见图 7-7 中的曲线 2 和曲线 1 所示。

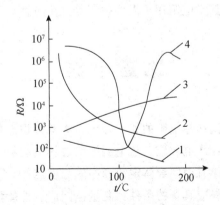

1—突变型 NTC；2—负指数型 NTC；

3—线性型 PTC；4—突变型 PTC

图 7-7 热敏电阻的特性曲线

2. 正温度系数热敏电阻（PTC）

典型的 PTC 热敏电阻通常是在钛酸钡陶瓷中加入施主杂质以增大电阻温度系数。它的温度-电阻特性曲线呈非线性，如图 7-7 中的曲线 4 所示。PTC 在电子线路中多起限流、保护作用，当流过的电流超过一定限度或 PTC 感受到的温度超过一定限度时，其电阻值会突然增大。

近些年来还研制出了用本征锗或本征硅材料制成的线性 PTC 热敏电阻，其线性度和互换性较好，可用于测温。其温度-电阻特性曲线如图 7-7 中的曲线 3 所示。

热敏电阻按结构形式可分为体型、薄膜型、厚膜型三种；按工作方式可分为直热式、旁热式、延迟电路三种；按工作温区可分为常温区（−60～200℃）、高温区（＞200℃）、低温区热敏电阻三种。热敏电阻可根据使用要求，封装加工成各种形状的探头，如珠状、片状、杆状、锥状和针状等，如图 7-8 所示。

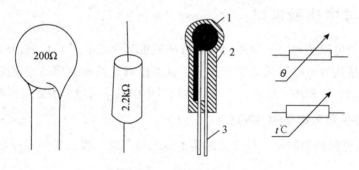

1—热敏电阻；2—玻璃外壳；3—引出线

图 7-8　热敏电阻的结构外形与符号

热敏电阻具有尺寸小、响应速度快、阻值大、灵敏度高等优点，因此它在许多领域得到广泛应用。根据产品型号不同，其适用范围也各不相同，具体有热敏电阻测温、热敏电阻用于温度补偿、热敏电阻用于温度控制等几个方面。

本章小结

本章主要讲述了热电偶和热电阻的相关知识。本章知识点如下：

（1）热电偶工作原理：热电效应、热电偶回路总热电动势

（2）热电偶的基本定律有中间导体定律和中间温度定律。

（3）用做热电极的材料应具备的条件：测量范围广、性能稳定、化学性能好。

（4）热电偶结构包括普通工业热电偶，由热电极、绝缘管、保护套管和接线盒等几个主要部分组成；铠装热电偶是由金属套管、绝缘材料和热电极经焊接密封和装配等工艺制成的坚实组合体。

（5）热电偶有标准型热电偶、非标准型热电偶和薄膜热电偶几种。

（6）热电偶的冷端补偿常用的方法有补偿导线法、计算修正法、显示仪表机械零位调整法、补偿电桥法、冰浴法等。

（7）金属电阻常用的金属材料有铂、铜等；半导体热电阻的特点是灵敏度高、体积小、反应快。半导体热敏电阻可以分为负温度系数热敏电阻（NTC）和正温度系数热敏电阻（PTC）两种类型。

本章习题

一、填空题

1. 将两种不同的导体或半导体两端相接组成闭合回路，当两个接点分别置于不同温度 T、T_0（$T > T_0$）中时，回路中就会产生一个热电动势，这种现象称为_____。这两种导体称为热电极，所组成的回路称为热电偶，热电偶的两个工作端分别称为_____和_____。

2. 热电偶回路产生的热电动势由_____和_____两部分组成。

3. 热电偶必须采用两种不同的材料作为电极，否则无论导体截面如何、温度分布如何，回路中的总热电动势恒为_____。

4. 若热电偶两接点温度相同，尽管采用了两种不同的金属，回路总电动势恒为_____。

5. 物质的电阻率随温度的变化而变化的现象称为_____。对金属来说，温度上升时，金属的电阻值将_____。

二、简答题

1. 请说说热电偶的测温原理。

2. 简述热电偶的几个基本定律，简单说说它们的实用价值。

3. 热电偶冷端温度补偿的几种主要方法及原理。

4. 比较热电阻和半导体热敏电阻的异同。

三、计算与分析题

1. 用镍铬-镍硅热电偶测炉温，当冷端温度为 20℃（恒定），测出热端温度为 T 时热电动势为 18.05mV，求炉子的真实温度。

2. 已知铜热电阻的电阻值 R_T 与温度 T 之间具有一定的函数关系，用式子 $R_T = R_0(1 + \alpha \Delta T)$ 表示。当 0℃ 时铜热电阻的电阻 $R_0 = 50\Omega$，温度系数 $\alpha = 4.28 \times 10^{-3}/℃$，求当温度为 120℃ 时的电阻值。

第 8 章　光电式传感器

本章导读

　　光电式传感器是以光电器件作为转换元件的传感器。它可用于检测直接引起光量变化的非电量，如光强、光照度、辐射测温、气体成分分析等；也可用来检测能转换成光量变化的其他非电量，如零件直径、表面粗糙度、应变、位移、振动、速度、加速度，以及物体的形状、工作状态的识别等。光电式传感器具有非接触、响应快、性能可靠等特点，因此在工业自动化装置和机器人中获得广泛应用。

学习目标

- 掌握光电效应的种类
- 掌握光电器件的分类及工作原理
- 掌握红外传感器的工作原理及应用
- 掌握光电传感器的应用

8.1　光电效应

　　用光照射某一物体，可以看作物体受到一连串能量为 E 的光子的轰击，组成这种物体的材料吸收光子能量而发生相应电效应的物理现象称为光电效应（又称为光电导效应）。通常把光线照射到物体表面后产生的光电效应分为三类。

　　(1) 外光电效应。在光线作用下，能使电子溢出物体表面的现象称为外光电效应。基于该效应的光电器件有光电管、光电倍增管、光电摄像管等，属于玻璃真空管光电器件。

　　(2) 内光电效应。在光线作用下能使物体电阻率改变的现象称为内光电效应。基于该效应的光电器件有光敏电阻、光敏二极管、光敏三极管等，属于半导体光电器件。

　　(3) 光生伏特效应。在光线作用下能使物体产生一定方向电动势的现象称为光生伏特效应。基于该效应的光电器件有光电池等，属于半导体光电器件。

8.2　光电器件

8.2.1　光电管

光电管的外形结构如图 8-1 所示，它由一个阴极和一个阳极构成，并密封在一只真空玻璃管内。阳极通常用金属丝弯曲成矩形或圆形，置于玻璃管中央；阴极装在玻璃管内壁上并涂有光电发射材料。光电管的特性主要取决于光电管的阴极材料。

图 8-1　光电管的外形结构

由于材料的逸出功不同，因此不同材料的光电阴极对不同频率的入射光有不同的灵敏度，人们可以根据检测对象是可见光或紫外线光而选择不同阴极材料的光电管。光电管的结构及原理图如图 8-2 所示。目前紫外光电管在工业检测中多用于紫外线测量、火焰监测等，可见光较难引起光电子的发射。

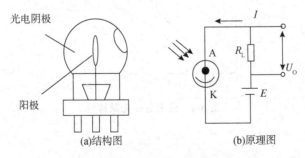

(a)结构图　　　　　(b)原理图

图 8-2　光电管的结构及原理图

当光照射在阴极上时，阴极发射出光电子，被具有一定电位的中央阳极所吸引，在光电管内形成空间电子流。在外电场作用下将形成电流 I，称为光电流。光电流的大小与光电子数成正比，而光电子数又与光照度成正比。

1. 伏安特性

在一定的光照度下，对光电管阴极所加的电压与阳极所产生的电流之间的关系称为光电管的伏安特性。真空光电管和充气光电管的伏安特性分别如图 8-3 （a）、图 8-3 （b）所示，它们是光电传感器的主要参数依据，显然，充气光电管的灵敏度更高。

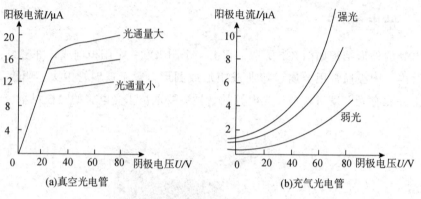

图 8-3　光电管的伏安特性

2. 光照特性

当光电管的阴极与阳极之间所加电压一定时，光通量与光电流之间的关系为光照特性，如图 8-4 所示。其中，曲线 1 是氧铯阴极光电管的光照特性，光电流 I 与光通量呈线性关系；曲线 2 是锑铯阴极光电管的光照特性，呈非线性关系。

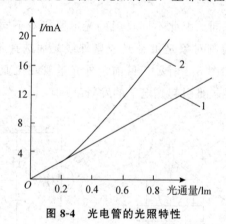

图 8-4　光电管的光照特性

3. 光谱特性

光电管的光谱特性通常指阳极与阴极之间所加电压不变时，入射光的波长（或频率）与其相对灵敏度之间的关系。它主要取决于阴极材料。阴极材料不同的光电管适用于不同的光谱范围。另外，同一光电管对于不同频率（即使光强度相同）的入射光，其灵敏度也不同。

8.2.2　光敏电阻

光敏电阻是由具有内光电效应的光导材料制成的,为纯电阻器件。如图 8-5 所示,在均匀的具有光电导效应的半导体材料的两端加上电极便构成光敏电阻。当光敏电阻的两端加上适当的偏置电压 U 后,便有电流 I 流过。

光敏电阻具有很高的灵敏度,光谱响应的范围宽、体积小、重量轻、性能稳定、机械强度高、寿命长、价格低,被广泛应用于自动检测系统中。

光敏电阻的材料一般由金属的硫化物、硒化物、碲化物等半导体组成。由于所用材料和工艺不同,它们的光电性能差异也相差很大。

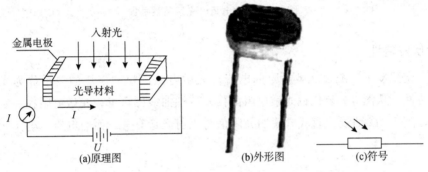

图 8-5　光敏电阻

1. 光电流

光敏电阻在室温或全暗条件下测得的阻值称为暗电阻(暗阻),通常超过 $1M\Omega$,此时流过光敏电阻的电流称为暗电流。光敏电阻在受光照射时的阻值称为亮电阻(亮阻),一般在几千欧以下,此时流过光敏电阻的电流称为亮电流。亮电流与暗电流之差称为光电流。光电流越大,光敏电阻的灵敏度就越高。但光敏电阻容易受温度的影响,温度升高,暗电阻减小,暗电流增加,灵敏度就要下降。

光敏电阻质量的好坏,可以通过测量其亮电阻与暗电阻的阻值来衡量。方法是将多用表置于 $R\times1k$ 档,把光敏电阻放在距离 25W 白炽灯 50cm 远处(其照度约为 100lx),可测得光敏电阻的亮阻值;再在完全黑暗的条件下直接测量其暗阻值。如果亮阻值为几千到几十千欧姆,暗阻值为几兆到几十兆欧姆,则说明光敏电阻质量好。

2. 光照特性

在一定外加电压下,光敏电阻的光电流与光通量的关系曲线,称为光敏电阻的光照特性,如图 8-6 所示。光通量 φ 是光源在单位时间内发出的光量总和,单位是流明(lm)。

不同光敏电阻的光照特性是不同的,但大多数情况下曲线是非线性的,所以光敏电阻不宜作定量检测元件,而常在自动控制中用做光电开关。

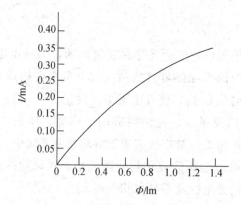

图 8-6　光敏电阻的光照特性曲线

3. 伏安特性

在一定照度下，流过光敏电阻的电流与光敏电阻两端的电压的关系称为光敏电阻的伏安特性。从图 8-7 硫化镉光敏电阻的伏安特性曲线图可见，光敏电阻在一定的电压范围内，其 $I-U$ 曲线为直线。说明其阻值与入射光量有关，而与电压、电流无关。

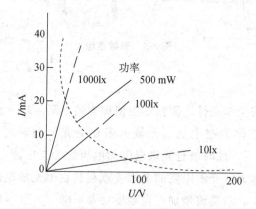

图 8-7　硫化镉光敏电阻的伏安特性曲线图

4. 光谱特性

光敏电阻对入射光的光谱具有选择作用，即光敏电阻对不同波长的入射光有不同的灵敏度。光敏电阻的相对光敏灵敏度与入射波长的关系称为光敏电阻的光谱特性，亦称为光谱响应。图 8-8 为几种不同材料光敏电阻的光谱特性图。对应于不同波长，光敏电阻的灵敏度是不同的，而且不同材料的光敏电阻光谱响应曲线也不同。从图 8-8 中可见硫化镉光敏电阻的光谱响应峰值在可见光区域，常被用作光照度测量（照度计）的探头。而硫化铅光敏电阻响应于近红外和中红外区，常用做火焰探测器的探头。

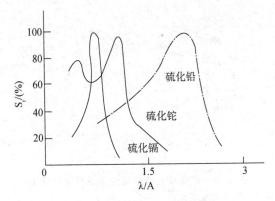

图 8-8　光敏电阻的光谱特性图

5. 频率特性

实验证明，光敏电阻的光电流不能随着光强改变而立刻变化，即光敏电阻产生的光电流有一定的惰性，这种惰性通常用时间常数表示。大多数的光敏电阻时间常数都较大，这是它的缺点之一。不同材料的光敏电阻具有不同的时间常数（毫秒数量级），因而它们的频率特性也就各不相同。如图 8-9 所示为硫化镉和硫化铅光敏电阻的频率特性图，相比较而言，硫化铅的使用频率范围较大。

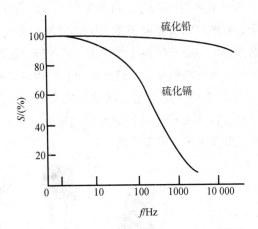

图 8-9　硫化镉（铅）光敏电阻的频率特性图

6. 温度特性

光敏电阻和其他半导体器件一样，受温度影响较大。温度变化时，影响光敏电阻的光谱响应，同时光敏电阻的灵敏度和暗电阻也随之改变，尤其是响应于红外区的硫化铅光敏电阻受温度影响更大。图 8-10 为硫化铅光敏电阻的光谱温度特性图，由图可见，硫化铅光敏电阻的峰值随着温度上升向波长短的方向移动。因此，硫化铅光敏电阻要在低温、恒温的条件下使用。对于可见光的光敏电阻，其温度影响要小一些。

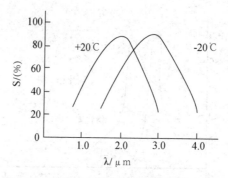

图 8-10　硫化铅光敏电阻的光谱温度特性图

　　因此，光敏电阻具有光谱特性好、允许的光电流大、灵敏度高、使用寿命长、体积小等优点，所以应用广泛。此外许多光敏电阻对红外线敏感，适宜于在红外线光谱区工作。

8.2.3　光敏二极管和光敏三极管

1. 结构及原理

（1）光敏二极管

　　光敏二极管是基于内光电效应的原理制成的光敏元件。光敏二极管的结构与一般二极管类似，它的 PN 结装在透明管壳的顶部，可以直接接受到光照射，如图 8-11 所示。光敏二极管在电路中一般是处于反向工作状态，其符号与接线方法如图 8-12 所示。光敏二极管在没有光照射时反向电阻很大，暗电流很小；当有光照射时，在 PN 结附近产生光生电子-空穴对，在内电场作用下定向运动形成光电流，且随着光照度的增强，光电流越大。所以，光敏二极管在不受光照射时处于截止状态；在受光照射时处于导通状态。它主要用于光控开关电路和光耦合器中。

图 8-11　常见的光敏二极管

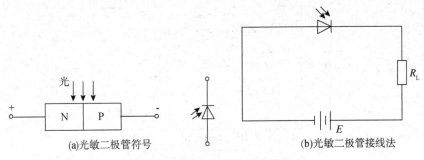

(a)光敏二极管符号　　　　　　　　(b)光敏二极管接线法

图 8-12　光敏二极管符号及接线法

（2）光敏三极管

光敏三极管也是基于内光电效应制成的光敏元件。光敏三极管结构与一般三极管不同，通常只有两个 PN 结，但只有正负（C、E）两个引脚。它的外形与光敏二极管相似，从外观上很难区别。图 8-13 为光敏三极管的外形与图形符号。

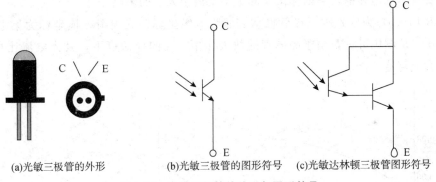

(a)光敏三极管的外形　　(b)光敏三极管的图形符号　(c)光敏达林顿三极管图形符号

图 8-13　光敏三极管的外形与图形符号

光线通过透明窗口落在基区及集电结上，使 PN 结产生光生电子-空穴对，在内电场作用下做定向运动，形成光电流，因此 PN 结的反向电流大大增加。由于光照射发射结产生的光电流相当于三极管的基极电流，集电极电流是光电流的 β 倍。因此，光敏三极管比光敏二极管的灵敏度高得多，但光敏三极管的频率特性比二极管差，暗电流也大。

2. 基本特性

（1）光谱特性

光敏管的光谱特性是指在一定照度时，输出的光电流（或用相对灵敏度表示）与入射光波长的关系。硅和锗光敏二极（三极）管的光谱特性如图 8-14 所示。对于不同波长的入射光，其相对灵敏度是不同的。一般而言，锗管的暗电流比硅管大，故一般锗管的性能比较差。所以在探测可见光或赤热状态物体时，都采用硅管；但当探测红外光时，锗管比较合适。

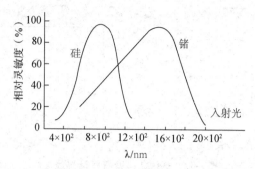

图 8-14　光敏二极（三极）管的光谱特性

（2）伏安特性

图 8-15（a）为硅光敏二极管的伏安特性，横坐标表示所加的反向偏压。当光照时，反向电流随着光照强度的增大而增大，在不同的照度下，伏安特性曲线几乎平行，所以只要没达到饱和值，它的输出实际上不受偏压大小的影响。

图 8-15（b）为硅光敏三极管的伏安特性。纵坐标为光电流，横坐标为集电极-发射极电压。从图中可见，由于晶体管的放大作用，在同样照度下，其光电流比相应的二极管大上百倍。

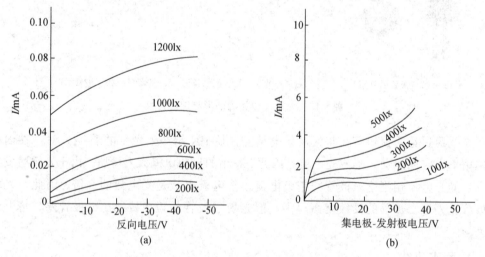

图 8-15　硅光敏二极（三极）管的伏安特性

（3）频率特性

光敏管的频率特性是指光敏管输出的光电流（或相对灵敏度）随频率变化的关系。光敏二极管的频率特性是半导体光电器件中最好的一种，普通光敏二极管频率响应时间达 $10\mu s$。光敏三极管的频率特性受负载电阻的影响，如图 8-16 所示为光敏三极管频率特性图，减小负载电阻可以提高频率响应范围，但输出电压响应也减小。

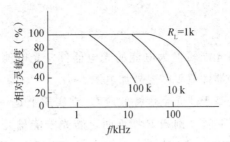

图 8-16　光敏三极管频率特性图

（4）温度特性

光敏管的温度特性是指光敏管的暗电流及光电流与温度的关系。光敏三极管的温度特性曲线如图 8-17 所示。从特性曲线中可以看出，温度变化对光电流影响很小，如图 8-17（b）所示；而对暗电流影响很大，如图 8-17（a）所示。所以在电子线路中应该对暗电流进行温度补偿，否则将会导致输出误差。

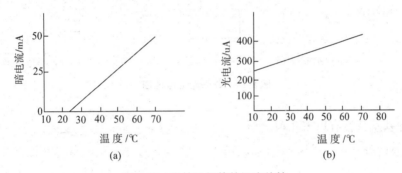

图 8-17　光敏三极管的温度特性

3. 光敏管的检测方法

（1）光敏二极管的检测方法

当有光照射在光敏二极管上时，光敏二极管与普通二极管一样，有较小的正向电阻和较大的反向电阻；当无照射时，光敏二极管正向电阻和反向电阻都很大。用欧姆表检测时，先让光照射在光敏二极管的管芯上，测出其正向电阻，其阻值与光照强度有关，光照越强，正向阻值越小；然后用一块遮光黑布挡住照射在光敏二极管上的光线，测量其阻值，这时正向电阻应立即变得很大。有光照和无光照下所测得的两个正向电阻值相差越大越好。

（2）光敏三极管的检测方法

用一块黑布遮住照射光敏三极管的光，选用多用表的 $R \times 1k$ 档，测量其两引脚引线间的正、反向电阻，若均为无限大时则为光敏三极管；拿走黑布，则多用表指针向右偏转到 $15 \sim 30k\Omega$ 处，偏转角越大，说明其灵敏度越高。

8.2.4 光电池

光电池是一种直接将光能转换为电能的光电器件。光电池在有光线作用时实质就是电源，电路中有了这种器件就不需要外加电源。

光电池的工作原理是基于"光生伏特效应"。它实质上是一个大面积的 PN 结，当光照射到 PN 结的一个面上时，例如 P 型面时，若光子能量大于半导体材料的禁带宽度，那么 P 型区每吸收一个光子就产生一对自由电子和空穴，电子-空穴对从表面向内迅速扩散，在结电场的作用下，最后建立一个与光照强度有关的电动势。如图 8-18 所示为硅光电池原理图。

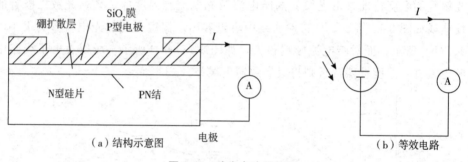

（a）结构示意图　　（b）等效电路

图 8-18　硅光电池原理图

光电池基本特性有以下几种。

1. 光谱特性

光电池对不同波长的光的灵敏度是不同的。图 8-19 为硅光电池和硒光电池的光谱特性曲线图。从图 8-19 中可知，不同材料的光电池，光谱响应峰值所对应的入射光波长是不同的，硅光电池波长在 $0.8\mu m$ 附近，硒光电池波长在 $0.5\mu m$ 附近。硅光电池的光谱响应波长范围为 $0.4\sim1.2\mu m$，而硒光电池只能为 $0.38\sim0.75\mu m$。可见，硅光电池可以在很宽的波长范围内得到应用。

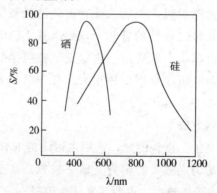

图 8-19　硅光电池和硒光电池的光谱特性

2. 光照特性

光电池在不同光照度下，其光电流和光生电动势是不同的，它们之间的关系就是光照特性。图 8-20 为硅光电池的开路电压和短路电流与光照的关系曲线。从图中可以看出，短路电流在很大范围内与光照强度呈线性关系，开路电压（即负载电阻 R_L 无限大时）与光照度的关系是非线性的，并且当照度在 2000lx 时就趋于饱和了。因此用光电池作为测量元件时，应把它当作电流源的形式来使用，不宜用作电压源。

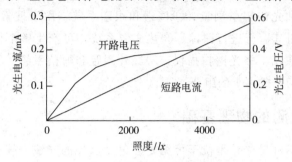

图 8-20　硅光电池光照特性

3. 频率特性

图 8-21 分别给出硅光电池和硒光电池的频率特性，横坐标表示光的调制频率。由图可见，硅光电池有较好的频率响应。

4. 温度特性

光电池的温度特性是描述光电池的开路电压和短路电流随温度变化的情况。由于它关系到应用光电池的仪器或设备的温度漂移，影响到测量精度或控制精度等重要指标，因此温度特性是光电池的重要特性之一。硅光电池的温度特性如图 8-22 所示。从图中可以看出，开路电压随温度升高而下降的速度较快，而短路电流随温度升高而缓慢增加。由于温度对光电池的工作有很大影响，因此把它作为测量元件使用时，最好能保证温度恒定或采取温度补偿措施。

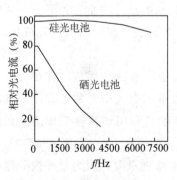

图 8-21　硅光电池的频率特性

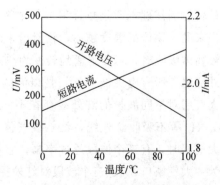

图 8-22　硅光电池的温度特性

8.3 红外传感器

红外技术是在最近几十年中发展起来的一门新兴技术。它已在科技、国防和工业生产等领域中获得了广泛的应用。红外传感器按其应用可分为以下几个方面：①红外辐射计，用于辐射和光谱辐射测量。②搜索和跟踪系统，用于搜索和跟踪红外目标，确定其空间位置并对其运行进行跟踪。③热成像系统，可产生整个目标红外辐射的分布图像，如红外图像仪、多光谱扫描仪。④红外测距和通信系统。⑤混合系统，是指以上各类系统中的两个或多个的组合。

8.3.1 红外检测的物理基础

红外线是一种不可见光，是位于可见光红色光以外的光线，故称红外线。它的波长范围大致在 $0.76 \sim 1000 \mu m$，红外线在电磁波谱中的位置如图 8-23 所示。工程上又把红外线所占据的波段分为四部分，即近红外、中红外、远红外和极远红外。

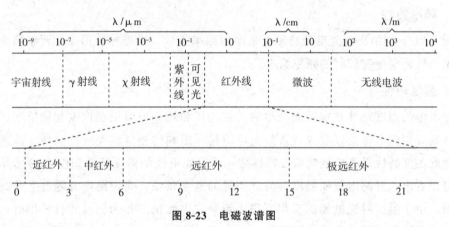

图 8-23 电磁波谱图

红外辐射的物理本质是热辐射。一个炽热物体向外辐射的能量大部分是通过红外线辐射出来的。物体的温度越高，辐射出来的红外线越多，辐射的能量就越强。而且，红外线被物体吸收时，可以显著地转变为热能。

红外辐射和所有电磁波一样，是以波的形式在空间直线传播的。它在大气层中传播时，大气层对不同波长的红外线存在不同的吸收带，空气中对称的双原子气体，如 N_2、O_2、H_2 等不吸收红外线，红外线气体分析器就是利用该特性工作的。而红外线在通过大气层时，有三个波段透过率高，它们是 $2 \sim 2.6 \mu m$、$3 \sim 5 \mu m$ 和 $8 \sim 14 \mu m$，统称它们为"大气窗口"。这三个波段对红外探测技术特别重要，因为红外探测器一般都工作在这三个波段（大气窗口）之内。

在自然界中只要物体本身具有一定温度（高于绝对零度），都能辐射红外光。例如电机、电器、炉火，甚至冰块都能产生红外辐射。

红外光和所有电磁波一样，具有反射、折射、散射、干涉、吸收等特性。能全部吸收投射到它表面的红外辐射的物体称为黑体；能全部反射的物体称为镜体；能全部透过的物体称为透明体；能部分反射、部分吸收的物体称为灰体。严格地讲，在自然界中，不存在黑体、镜体与透明体。

1. 基尔霍夫定律

物体向周围发射红外辐射能时，同时也吸收周围物体发射的红外辐射能，即

$$E_R = \alpha E_0 \tag{8-1}$$

式中，E_R 是物体在单位面积和单位时间内发射出的辐射能；α 为物体的吸收系数；E_0 为常数，其值等于黑体在相同条件下发射出的辐射能。

2. 斯忒藩-波尔茨曼定律

物体温度越高，发射的红外辐射能越多，在单位时间内其单位面积辐射的总能量 E 为

$$E = \sigma \varepsilon T^4 \tag{8-2}$$

式中，T 为物体的绝对温度，单位为 K；σ 为斯忒藩-波尔茨曼常数，$\sigma = 5.67 \times 10^{-8}\,W/(m^2 \cdot K^4)$；$\varepsilon$ 为比辐射率，黑体的 $\varepsilon = 1$。

3. 维恩位移定律

红外辐射的电磁波中，包含着各种波长，其峰值辐射波长 λ_m（μm）与物体自身的绝对温度 T 成反比，即

$$\lambda_m = 2897/T \tag{8-3}$$

维恩位移定律说明了黑体越热，其辐射光谱辐射力（即某一频率的光辐射能量的能力）的最大值所对应的波长越短。

人体的正常体温为 $36 \sim 37.5℃$，即 $309 \sim 310.5K$，其辐射的最强的红外线的波长为 $\lambda_m = 2897/(309 \sim 310.5) = 9.33 \sim 9.37\mu m$，中心波长为 $9.35\mu m$。

8.3.2　红外探测器

红外传感器一般由光学系统、探测器、信号调理电路及显示等组成。红外探测器是红外传感器的核心，红外探测器种类很多，常见的有两大类：热探测器和光子探测器。

1. 热探测器

热探测器是利用红外辐射的热效应，探测器的敏感元件吸收辐射能后引起温度升高，进而使有关物理参数发生相应变化，通过测量物理参数的变化，便可确定探测器所吸收的红外辐射。

与光子探测器相比，热探测器的探测率比光子探测器的峰值探测率低，响应时间长。但热探测器主要优点是响应波段宽，响应范围可扩展到整个红外区域，可以在室

温下工作，使用方便，应用仍相当广泛。

热探测器主要类型有热释电型、热敏电阻型、热电偶型和气体型探测器。而热释电探测器在热探测器中探测率最高，频率响应最宽，所以这种探测器备受重视，发展很快。这里主要介绍热释电探测器。

热释电红外探测器是由具有极化现象的热晶体或被称为"铁电体"的材料制作的。"铁电体"的极化强度（单位面积上的电荷）与温度有关。当红外辐射照射到已经极化的铁电体薄片表面上时，引起薄片温度升高，使其极化强度降低，表面电荷减少，这相当于释放一部分电荷，所以叫热释电型传感器。如果将负载电阻与铁电体薄片相连，则负载电阻上便产生一个电信号输出。输出信号的强弱取决于薄片温度变化的快慢，从而反映出入射的红外辐射的强弱。热释电型红外传感器的电压响应率正比于入射光辐射率变化的速率。

2. 光子探测器

光子探测器是利用入射红外辐射的光子流与探测器材料中的电子相互作用，从而改变电子的能量状态，引起各种电学现象，称为光子效应。通过测量材料电子性质的变化，可以知道红外辐射的强弱。利用光子效应制成的红外探测器，统称光子探测器。光子探测器有内光电和外光电探测器两种，后者又分为光电导、光生伏特和光磁电探测器三种。光子探测器的主要特点是灵敏度高，响应速度快，具有较高的响应频率，但探测波段较窄，一般需在低温下工作。

8.4 光电传感器的应用

8.4.1 红外测温仪

红外测温仪是利用热辐射体在红外波段的辐射通量来测量温度的。当物体的温度低于 1000℃时，它向外辐射的不再是可见光而是红外光了，可用红外探测器检测温度。如采用分离出所需波段的滤光片，可使红外测温仪工作在任意红外波段。

图 8-24 是目前常见的红外测温仪方框图。它是一个包括光、机、电一体化的红外测温系统，图中的光学系统是一个固定焦距的透射系统，滤光片一般采用只允许 $8\sim14\mu m$ 的红外辐射能通过的材料。步进电机带动调制盘转动，将被测的红外辐射调制成交变的红外辐射线。红外探测器一般为（钽酸锂）热释电探测器，透镜的焦点落在其光敏面上。被测目标的红外辐射通过透镜聚焦在红外探测器上，红外探测器将红外辐射变换为电信号输出。

红外测温仪电路比较复杂，包括前置放大，选频放大，温度补偿，线性化，发射率（ε）调节等。目前，已有一种带单片机的智能红外测温仪，利用单片机与软件的功

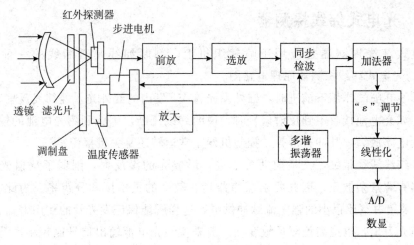

图 8-24　红外测温仪方框图

能，大大简化了硬件电路，提高了仪表的稳定性、可靠性和准确性。

红外测温仪的光学系统可以是透射式的，也可以是反射式的。反射式光学系统多采用凹面玻璃反射镜，并在镜的表面镀金、铝、镍或铬等红外辐射反射率很高的金属材料。

8.4.2　火焰探测报警器

图 8-25 是采用以硫化铅光敏电阻为探测元件的火焰探测器电路图。硫化铅光敏电阻的暗电阻为 $1M\Omega$，亮电阻为 $0.2M\Omega$（在光强度 $0.01W/m^2$ 下测试），峰值响应波长为 $2.2\mu m$，硫化铅光敏电阻处于 V_1 管组成的恒压偏置电路，其偏置电压约为 6V，电流约为 $6\mu A$。V_1 管集电极电阻两端并联 $68\mu F$ 的电容，可以抑制 100Hz 以上的高频，使其成为只有几十赫兹的窄带放大器。V_2、V_3 构成二级负反馈互补放大器，火焰的闪动信号经二级放大后送给中心控制站进行报警处理。采用恒压偏置电路是为了在更换光敏电阻或长时间使用后，器件阻值的变化不至于影响输出信号的幅度，保证火焰报警器能长期稳定地工作。

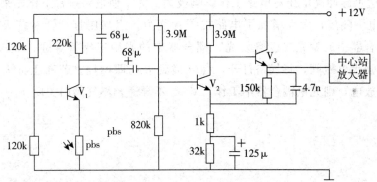

图 8-25　火焰探测报警器电路图

8.4.3 光电式纬线探测器

光电式纬线探测器是应用于喷气织机上，判断纬线是否断线的一种探测器。图 8-26 为光电式纬线探测器原理电路图。

当纬线在喷气作用下前进时，红外发光管 V_D 发出的红外光，经纬线反射，由光电池接收，如光电池接收不到反射信号时，说明纬线已断。因此利用光电池的输出信号，通过后续电路放大、脉冲整形等，控制机器正常运转还是关机报警。

由于纬线线径很细，又是摆动着前进，形成光的漫反射，削弱了反射光的强度，而且还伴有背景杂散光，因此要求探纬器具有较高的灵敏度和分辨率。为此，红外发光管 V_D 采用占空比很小的强电流脉冲供电，这样既能保证发光管的使用寿命，又能在瞬间有强光射出，以提高检测灵敏度。一般来说，光电池输出信号比较小，需经放大、脉冲整形，以提高分辨率。

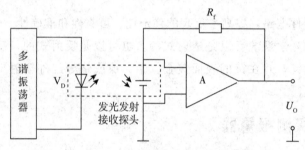

图 8-26 光电式纬线探测器原理电路图

8.4.4 燃气器具中的脉冲点火控制器

由于燃气是易燃、易爆气体，因此对燃气器具中的点火控制器的要求是安全、稳定、可靠。为此电路中有这样一个功能，即打火确认针产生火花，才可以打开燃气阀门；否则燃气阀门关闭，这样就保证使用燃气器具的安全性。

图 8-27 为燃气器具中的高压打火确认原理电路图。在高压打火时，火花电压可达 1 万多伏，这个脉冲高电压对电路工作影响极大。为了使电路正常工作，采用光电耦合器 V_B 进行电平隔离，大大增加了电路抗干扰能力。当高压打火针对打火确认针放电时，光电耦合器中的发光二极管发光，耦合器中的光敏三极管导通，经 V_1、V_2、V_3 放大，驱动强吸电磁阀，将气路打开，燃气碰到火花即燃烧。若高压打火针与打火确认针之间不放电，则光电耦合器不工作，V_1 等不导通，燃气阀门关闭。

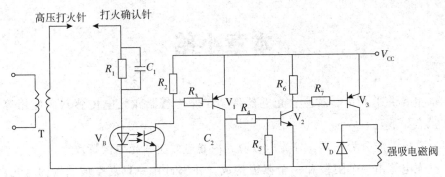

图 8-27 燃气器具中的高压打火确认原理电路图

8.4.5 CCD 图像传感器的应用

CCD 图像传感器在许多领域内获得了广泛的应用。前面介绍的电荷耦合器件（CCD）具有将光像转换为电荷分布，以及电荷的存储和转移等功能，所以它是构成CCD 固态图像传感器的主要光敏器件，取代了摄像装置中的光学扫描系统或电子束扫描系统。

CCD 图像传感器具有高分辨率和高灵敏度，以及具有较宽的动态范围，这些特点决定了它可以广泛应用于自动控制和自动测量，尤其适用于图像识别技术。CCD 图像传感器在检测物体的位置、工件尺寸的精确测量及工件缺陷的检测方面有独到之处。图 8-28 是一个利用 CCD 图像传感器进行工件尺寸检测的例子。

图 8-28 为应用 CCD 图像传感器测量物体尺寸系统。物体成像聚焦在图像传感器的光敏面上，视频处理器对输出的视频信号进行存储和数据处理，整个过程由微机控制完成。根据光学几何原理，可以推导被测物体尺寸的计算公式，即

$$D = \frac{np}{M} \tag{8-4}$$

式中，n 为覆盖的光敏像素数；p 为像素间距；M 是倍率。

微机可对多次测量求平均值，精确得到被测物体的尺寸。任何能够用光学成像的零件都可以用这种方法，实现不接触的在线自动检测的目的。

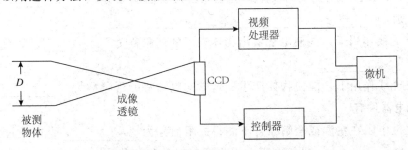

图 8-28 CCD 图像传感器工件尺寸检测系统

本章小结

本章主要讲述了光电效应、光电器件、红外传感器和光电传感器的应用等知识。本章知识点如下：

（1）光电效应分为三类：外光电效应、内光电效应和光生伏特效应。

（2）光电管由一个阴极和一个阳极构成，并密封在一只真空玻璃管内。光电管的特性主要取决于光电管的阴极材料。

（3）光敏电阻是由具有内光电效应的光导材料制成的，为纯电阻器件；光敏电阻具有很高的灵敏度，光谱响应的范围宽、体积小、重量轻、性能稳定、机械强度高、寿命长、价格低。

（4）光敏二极管和光敏三极管的结构及原理、基本特性、检测方法。光电池是一种直接将光能转换为电能的光电器件，其工作原理是基于"光生伏特效应"。

（5）红外辐射的物理本质是热辐射，和所有电磁波一样，是以波的形式在空间直线传播的；基尔霍夫定律、斯忒藩-波尔茨曼定律、维恩位移定律。

（6）红外传感器由光学系统、探测器、信号调理电路及显示等组成。红外探测器是红外传感器的核心，红外探测器常见的有两大类：热探测器和光子探测器。

（7）光电传感器的应用：红外测温仪、火焰探测报警器、光电式纬线探测器、燃气器具中的脉冲点火控制器和CCD图像传感器的应用。

本章习题

一、填空题

1. 用光照射某一物体，可以看作物体受到一连串能量为 E 的光子的轰击，组成这种物体的材料吸收光子能量而发生相应电效应的物理现象称为_____。通常分为三类，分别是_____、_____和_____。

2. 在光线作用下，能使电子溢出物体表面的现象称为_____。基于该效应的光电器件有_____。

3. 在光线作用下，能使物体产生一定方向电动势的现象称为_____。基于该效应的光电器件有_____。

4. 光敏电阻在室温或全暗条件下测得的阻值称为_____，此时流过光敏电阻的电流称为_____。光敏电阻在受光照射时的阻值称为_____，此时流过光敏电阻的电流称为_____。亮电流与暗电流之差称为_____。

二、简答题

1. 什么叫内光电效应、外光电效应、光生伏特效应？

2. 光电器件有哪几种类型？请说说它们的工作原理。

3. 红外传感器有哪些类型？并说明它们的工作原理。

三、分析题

目前在我国越来越多的商品外包装上都印有条形码符号。条形码是由黑白相间、粗细不同的线条组成的，它上面带有国家、厂家、商品型号、规格等许多信息。对这些信息的检测是通过光电扫描笔来实现数据读入的。请根据图 8-29 分析其工作原理。

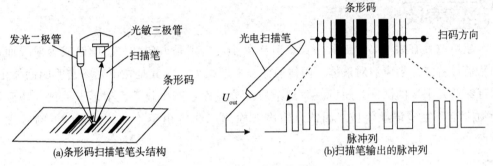

(a)条形码扫描笔笔头结构   (b)扫描笔输出的脉冲列

图 8-29 商品条形码光电扫描笔扫码原理

第9章 超声波传感器

本章导读

  超声波具有频率高、波长短、绕射现象小，特别是方向性好、能够成为射线而定向传播等特点。超声波对液体、固体的穿透本领很大，尤其是在阳光不透明的固体中，它可穿透几十米的深度。超声波碰到杂质或分界面会产生显著反射形成回波，碰到活动物体能产生多谱勒效应。因此，超声波检测广泛应用于工业、国防、生物医学等方面。

学习目标

- 掌握超声波的概念及物理性质
- 了解超声波探头的种类及工作原理
- 掌握超声波测厚度、液位、流量的工作原理
- 掌握超声波探伤的方法

9.1 超声波及其物理性质

  机械振动在弹性介质内的传播称为波动，简称为波。人能听见声音的频率为 $20\,Hz\sim20\,kHz$，即为声波，超出此频率范围的声音，即 $20\,Hz$ 以下的声音称为次声波，$20\,kHz$ 以上的声音称为超声波，一般说话的频率范围为 $100\,Hz\sim8\,kHz$。图 9-1 为声波频率的界限划分图。

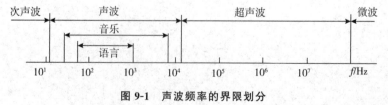

图 9-1　声波频率的界限划分

超声波技术是一门以物理、电子、机械及材料学为基础的，各行各业都使用的通用技术之一。它是通过超声波产生、传播以及接收这个物理过程来完成的。超声波在液体、固体中衰减很小，穿透能力强，特别是对不透光的固体，超声波能穿透几十米的厚度。当超声波从一种介质入射到另一种介质时，由于在两种介质中的传播速度不同，在介质面上会产生反射、折射和波型转换等现象。超声波的这些特性使它在检测技术中获得了广泛的应用，如超声波无损探伤、厚度测量、流速测量、超声显微镜及超声成像等。

9.1.1　超声波的反射和折射

当超声波由一种介质入射到另一种介质时，由于在两种介质中的传播速度不同，在异质界面上会产生反射、折射和波型转换等现象。

由物理学可知，当波在界面上产生反射时，入射角 α 的正弦与反射角 α' 的正弦之比等于波速之比。当入射波和反射波的波型相同时，波速相等，入射角 α 即等于反射角 α'，如图 9-2 所示。当波在界面外产生折射时，入射角 α 的正弦与折射角 β 的正弦之比，等于入射波在第一介质中的波速 c_1 与折射波在第二介质中的波速 c_2 之比，即

$$\frac{\sin\alpha}{\sin\beta}=\frac{c_1}{c_2} \tag{9-1}$$

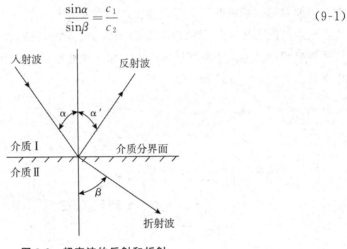

图 9-2　超声波的反射和折射

9.1.2　超声波的波型

当声源在介质中的施力方向与波在介质中的传播方向不同时，声波的波型也有所不同。质点振动方向与传播方向一致的波称为纵波，它能在固体、液体和气体中传播。

质点振动方向垂直于传播方向的波称为横波，它只能在固体中传播。

质点振动介于纵波和横波之间，沿着表面传播，振幅随着深度的增加而迅速衰减的波称为表面波，它只在固体的表面传播。

横波只能在固体中传播，纵波能在固体、液体和气体中传播，表面波随深度增加衰减很快。为了测量各种状态下的物理量，多采用纵波。

9.1.3 声波的衰减

声波在介质中传播时，随着传播距离的增加，能量逐渐衰减，其衰减的程度与声波的扩散、散射和吸收等因素有关。在理想介质中，声波的衰减仅来自于声波的扩散，即随声波传播距离增加而引起声能的减弱。散射衰减是固体介质中的颗粒界面或流体介质中的悬浮粒子使声波散射。吸收衰减是由介质的导热性、粘滞性及弹性滞后造成的，介质吸收声能并转换为热能。

9.2 超声波探头及耦合技术

9.2.1 超声波探头

超声波探头是实现声、电转换的装置，又称超声换能器或传感器。这种装置能发射超声波和接收超声回波，并转换成相应的电信号。

超声波探头按其作用原理可分为压电式、磁致伸缩式和电磁式等数种。其中以压电式为最常用。如图 9-3 所示为压电式超声探头结构图，其核心部分为压电晶片，利用压电效应实现声、电转换。

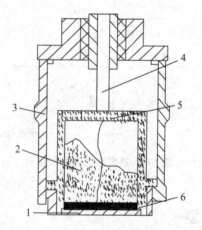

1—保护膜；2—吸收块；3—金属壳；4—导电螺杆；5—接线片；6—压电晶片

图 9-3 压电式超声探头结构图

9.2.2 耦合技术

超声波探头与被测物体接触时，探头与被测物体表面间存在一层空气薄层，空气将引起三个界面间强烈的杂乱反射波，造成干扰，并造成很大的衰减。为此，必须将接触面之间的空气排挤掉，使超声波能顺利地入射到被测介质中。在工业中，经常使用一种称为耦合剂的液体物质，使之充满在接触层中，起到传递超声波的作用。常用的耦合剂有自来水、机油、甘油、水玻璃、胶水、化学糨糊等。

9.3　超声波检测技术的应用

9.3.1　超声波测厚度

超声波检测厚度的方法有共振法、干涉法和脉冲回波法等。如图 9-4 所示为脉冲回波法厚度测量工作原理图。

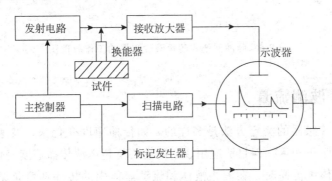

图 9-4　脉冲回波法厚度测量工作原理图

超声波探头与被测物体表面接触。主控制器控制发射电路，使探头发出的超声波到达被测物体底面反射回来，该脉冲信号又被探头接收，经放大器放大加到示波器垂直偏转板上。标记发生器输出时间标记脉冲信号，同时加到该垂直偏转板上。而扫描电压则加在水平偏转板上。因此，在示波器上可直接读出发射与接收超声波之间的时间间隔 t。被测物体的厚度 h 为

$$h = ct/2 \qquad\qquad (9\text{-}2)$$

式中，c 为超声波的传播速度。

我国 20 世纪 60 年代初期自行设计了 CCH-J-1 型表头式超声波测厚仪，近期又采用集成电路制成数字式超声波测厚仪，其体积小到可以握在手中，重量不到 1kg，精度可达 0.01mm。如图 9-5 所示为一种手持式超声波测厚仪的外形图。

9.3.2　超声波测液位

在化工、石油和水电等部门，超声波被广泛用于油位和水位等的液位测量。如图 9-6 所示为脉冲

图 9-5　手持式超声波测厚仪

回波式超声液位测量的工作原理图。探头发出的超声脉冲通过介质到达液面，经液面反射后又被探头接收。测量发射与接收超声脉冲的时间间隔和介质中的传播速度，即可求出探头与液面之间的距离。根据传声方式和使用探头数量的不同，可以分为单探头液介质式（图9-6（a））、单探头气介质式（图9-6（b））、单探头固介质式（图9-6（c））和双探头液介质式（图9-6（d））等数种。

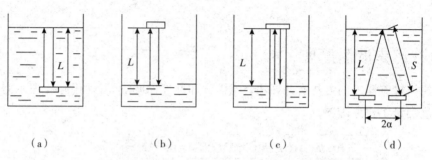

（a）　　　　　　（b）　　　　　　（c）　　　　　　（d）

图9-6　脉冲回波式超声液位测量的工作原理图

9.3.3　超声波测流量

　　超声波流量传感器的测定方法是多样的，如传播速度变化法、波速移动法、多普勒效应法、流动听声法等。但目前应用较广的主要是超声波传播速度变化法。

　　超声波在流体中传播时，在静止液体和流动流体中的传播速度是不同的。利用这一特点可以求出流体的速度，再根据管道流体的截面积，便可知道流体的流量。

　　如果在流体中设置两个超声波传感器，它们既可以发射超声波又可以接收超声波，一个装在上游，一个装在下游，其距离为 L，如图 9-7 所示。如设顺流方向的传播时间为 t_1，逆流方向的传播时间为 t_2，流体静止时的超声波传播速度为 c，流体流动速度为 v，则有

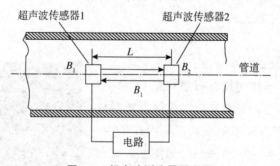

图9-7　超声波测流量原理图

$$t_1 = \frac{L}{c+v} \tag{9-3}$$

$$t_2 = \frac{L}{c-v} \tag{9-4}$$

一般来说，液体的流速远小于超声波在流体中的传播速度，因此超声波传播时间差为

$$\Delta t = t_2 - t_1 = \frac{2Lv}{c^2 - v^2} \tag{9-5}$$

由于 $c \gg v$，从上式便可得到流体的流速，即

$$v = \frac{c^2}{2L} \Delta t \tag{9-6}$$

在实际应用中，超声波传感器安装在管道的外部，从管道的外面透过管壁发射和接收超声波，而不会给管道内流动的流体带来影响，如图 9-8 所示。

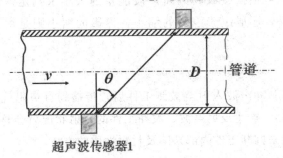

图 9-8　超声波传感器安装位置

此时超声波的传输时间将由下式确定：

$$t_1 = \frac{\dfrac{D}{\cos\theta}}{c + v\sin\theta} \tag{9-7}$$

$$t_2 = \frac{\dfrac{D}{\cos\theta}}{c - v\sin\theta} \tag{9-8}$$

9.3.4　超声波探伤

超声波探伤法是利用超声波在物体中传播的一些物理特性来发现物体内部的不连续性，即缺陷或裂纹的一种方法，是无损检测的一种重要手段。常用的超声波探伤法有共振法、穿透法、脉冲反射法。

1. 共振法

共振法是根据声波（频率可调的连续波）在工件中呈共振状态来测量工件厚度或判断有无缺陷的方法。这种方法主要用于表面较光滑的工件的厚度检测，也可用于探测复合材料的粘合质量和钢板内的夹层缺陷检测。声波在工件内传播时，如入射波与

反射波同相位（即工件厚度为超声波波长 λ 的一半或成整数倍时），则引起共振。共振法测厚的公式为

$$\delta = n\frac{\lambda}{2} = \frac{nc}{2f} \tag{9-9}$$

在测得共振频率 f 和共振次数 n 后，便可计算材料的厚度。共振法的特点是：可精确地测厚，特别适合测量薄板及薄壁管。

2. 穿透法

穿透法又称透射法。穿透法是将两个探头分别置于工件相对的两面，一个发射超声波，使超声波从工件的一个界面透射到另一个界面，在该界面处用另一个探头来接收。根据超声波穿透工件后的能量变化情况，来判断工件内部质量。工件内无缺陷时，接收到的超声波能量较强；一旦有缺陷，超声波受缺陷阻挡，则将在缺陷后形成声影，这样就可根据接收到的超声波能量的大小来判定缺陷的大小。探测灵敏度除与仪器有关外，还取决于声影的缩小，声影的缩小则是由于声波在缺陷边缘绕射造成的。

3. 脉冲反射法

脉冲反射法是将脉冲声波入射至被测工件后，传播到有声阻抗差异的界面上（如缺陷与工件的界面时），产生反射声波，波在工件的反射状况就会显示在荧光屏上，根据反射的时间及形状来判断工件内部缺陷及材料性质的方法。

本章小结

本章主要讲述了超声波及其物理性质、超声波探头及耦合技术、超声波检测技术的应用等相关知识。本章知识点如下：

（1）超声波技术是一门以物理、电子、机械及材料学为基础的，各行各业都使用的通用技术之一。超声波具有无损探伤、厚度测量、流速测量、超声显微镜及超声成像等特性。

（2）超声波的反射和折射、超声波的波型、声波的衰减。

（3）超声波探头是实现声、电转换的装置，能发射超声波和接收超声回波，并转换成相应的电信号。常用的耦合剂有自来水、机油、甘油、水玻璃、胶水、化学糨糊等。

（4）超声波检测技术的应用：超声波测厚度、超声波测液位、超声波测流量、超声波探伤。常用的超声波探伤法有共振法、穿透法、脉冲反射法。

本章习题

一、填空题

1. 人能听见声音的频率为 $20\text{Hz} \sim 20\text{kHz}$，即为＿＿＿＿＿，超出此频率范围的声音，即 20Hz 以下的声音称为＿＿＿＿＿，20kHz 以上的声音称为＿＿＿＿＿。

2. 质点振动方向与传播方向一致的波称为＿＿＿＿＿，它能在固体、液体和气体中传播。质点振动方向垂直于传播方向的波称为＿＿＿＿＿，它只能在固体中传播。

3. 质点振动介于纵波和横波之间，沿着表面传播，振幅随着深度的增加而迅速衰减的波称为＿＿＿＿＿，它只在固体的表面传播。

4. 声波在介质中传播时，随着传播距离的增加，能量逐渐＿＿＿＿＿。

5. ＿＿＿＿＿是实现声、电转换的装置，又称超声换能器或传感器。这种装置能发射超声波和接收超声回波，并转换成相应的电信号。

二、简答题

1. 什么叫超声波？

2. 什么叫超声波探头？常用超声波探头的工作原理有哪几种？

3. 简述超声波测量厚度的原理。

三、分析题

如图 9-9 所示是超声波测距离原理示意图。图中空气超声波探头发射超声波脉冲，到达被测物时，被反射回来，被空气超声波探头所接收。请你分析如何实现距离的测量。

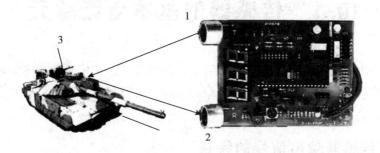

1、2—空气超声波探头；3—被测物

图 9-9　超声波测距离原理示意图

第 10 章 传感器的信号处理与抗干扰

本章导读

传感器的输出信号经过专门的电子电路进行加工处理，可用于仪器、仪表显示或作为控制信号用。完成二次变换的电路称为传感器的测量电路或电子电路。常用的信号转换主要有电压与电流转换、电压与频率转换。在生产现场存在大量的电、磁干扰源，它们可能破坏传感器、计算机乃至整个检测系统的正常工作，因此抗干扰技术是检测系统的重要环节。

学习目标

- 理解传感器电子电路信号的特点
- 掌握信号的变换方式
- 熟悉传感器干扰的类型及产生
- 掌握传感器常用的抗干扰技术

10.1 传感器的基本电路单元

传感器是将输入量转变成电量或电信号输出的元件。在传感器技术领域里，典型的电量或电信号主要有电压、电流、电荷、电阻、电容和电感等，但有时候传感器的输出信号可以是压力、光量或位移等。

10.1.1 传感器输出信号的特点

传感器输出的信号，一般具有如下特点：

（1）传感器输出的信号多数是模拟信号。

（2）传感器的输出信号一般比较微弱，例如电压信号为 $\mu V \sim mV$ 级，电流信号为 $nA \sim mA$。

（3）由于传感器内部噪声（如热噪声）的存在，使得输出信号与噪声混合在一起。

当传感器的信噪比低、输出信号微弱时，信号将被淹没在噪声中。

（4）大部分传感器的输入与输出特性呈线性或基本呈线性，但仍有少数传感器的输入与输出特性曲线呈非线性或某种函数关系。

（5）外界环境会影响传感器的输出特性，主要是温度、电场或磁场的干扰等。

（6）传感器的输出特性与电源性能有关，一般需要采用恒压供电或恒流供电。

根据以上传感器输出信号的特点来看，传感器的输出信号不能直接用于仪器、仪表显示或作为控制信号用，需要经过专门的电子电路对传感器的输出信号进行加工处理。比如将微弱的信号放大，用滤波器将噪声信号滤掉，将非线性的特性曲线线性化。这种信号变换一般称为二次变换。完成二次变换的电路称为传感器的测量电路或电子电路。

10.1.2　传感器测量电路的基本组成及要求

传感器测量电路的基本组成包括各种信号放大电路、电桥电路、滤波电路及调制解调电路等。

设计传感器的测量电路时，不仅要依据传感器的输出特性，还要注意到仪器、仪表的显示器，打印机，记录仪或调节器，自动控制装置等对信号的要求，并且同时要考虑使用的环境条件及整个系统对它的主要要求等。传感器测量电路一般要满足的要求如下：

（1）在传感器连接上，要考虑阻抗匹配问题，必要时加一级电压跟随器，并要考虑长电缆带来的电阻、电容影响及噪声影响。

（2）放大器的放大倍数要满足显示器、A/D 转换器或接口的要求。

（3）测量电路的设计要满足仪器、仪表或自动控制系统的精度要求、动态性能要求及可靠性要求。

（4）测量电路中采用的集成电路和其他元器件要满足仪器、仪表或自动控制装置的使用环境（如湿度、温度等）要求或某种特殊（如防爆）要求。

（5）测量电路中应考虑外部或内部的温度影响，必要时加温度补偿电路。

（6）测量电路设计中，应考虑内部或外部的电磁场干扰，要采用相应的措施来进行解决，比如加屏蔽、光或电隔离等。

（7）测量电路的结构、尺寸要与仪器、仪表或自动控制系统整体相协调。

（8）测量电路的电源电压、功耗要与总体相协调。

（9）测量电路的设计要考虑成本，满足经济性要求，使产品更有竞争力。

10.1.3　电桥电路

电桥电路有直流电桥和交流电桥两种。电桥电路的主要指标是输出特性、非线性误差和桥路灵敏度。

10.1.4　信号的放大与隔离

信号放大电路是传感器信号调理最常用的电路。由于运算放大器具有输入阻抗高、增益大、可靠性高、价格低廉、使用方便等优点，因此目前的放大电路几乎都采用运算放大器。常用的放大器有运算放大器、仪表放大器、可编程增益放大器和隔离放大器。在实际运用中，一次测量仪表的安装环境和输出特性千差万别，也很复杂，因此选用哪种类型的传感器应取决于应用场合和系统要求。

10.2　传感器的信号变换

各种各样的传感器都是把非电量转换成电量，但电量的形式却不尽统一。在成套仪表系统及微机自动检测装置中，都希望传感器和仪表之间以及仪表和仪表之间的信号传送均采用统一的标准信号，这样不仅便于使用计算机进行检测，同时可以使指示、记录仪表通用化；另外若通过各种转换器，如气-电转换器、电-气转换器等还可将电动仪表和气动仪表联系起来混合使用，从而扩大仪表的使用范围。

国际电工委员会（IEC）将 $4 \sim 20\text{mA DC}$ 直流信号和 $1 \sim 5\text{V DC}$ 电压信号确定为过程控制系统电模拟信号的统一标准。这是因为直流信号与交流信号比较具有以下优点：

（1）在信号传输线中，直流信号不受交流感应的影响，干扰问题易解决。

（2）直流信号不受传输线的电感电容的影响，不存在相位移问题，使接线简单。

（3）直流信号便于 A/D 转换。

能够输出标准信号的传感器均称为变送器。有了统一的标准后，无论什么仪表或装置，只要有同样标准的输入电路或接口，就可以从各种变送器中获得被测变量的信号。这样兼容性和互换性大为提高，仪表的配套也极为方便。

输出为非标准信号的传感器，必须和特定的仪表或装置相配套，才能实现检测或调节功能。为了加强通用性和灵活性，某些传感器的输出可以靠相应的转换器把非标准信号转换为标准信号，使之与带有标准信号输入电路或接口的显示仪表配套。不同的标准信号也可借助相应的转换器相互转换。例如 $4 \sim 20\text{mA}$ 与 $0 \sim 10\text{mA}$、$1 \sim 5\text{V}$ 与 $0 \sim 10\text{mA}$ 等的相互转换。常用的信号转换主要有电压与电流转换、电压与频率转换。

10.2.1　电压与电流转换

电压与电流的相互转换实质上是恒压源与恒流源的相互转换，一般来说，恒压源的内阻远小于负载电阻，恒流源内阻远大于负载电阻。因此，原则上将电压转换为电流必须采用输出阻抗高的电流负反馈电路，而将电流转换为电压则必须采用输出阻抗低的电压负反馈电路。

1. 电压转换为电流（V/I 转换器）

随着微电子技术及加工技术的发展，在实现 0～5V、0～10V 及 1～5V 直流电压与 0～10mA、4～20mA 电流的转换时，可直接采用集成电压/电流转换电路来实现，如 AD693、AD694、XTR110、ZF2B20 等。

2. 电流转换为电压（I/V 转换器）

当变送器的输出信号为直流信号时，经 I/V 转换可将其转化成电压信号。最简单的 I/V 转换可以利用一个 500Ω 的精密电阻，将 0～10mA 的电流信号转换为 0～5V 的电压信号。

10.2.2　电压与频率的相互转换

一些传感器敏感元件输出的信号为频率信号（如涡轮流量计），有时为了考虑与其他带有标准信号输入电路或接口的显示仪配套，需要把频率信号转换为电压或电流信号。另外，频率信号抗干扰性能好，便于远距离传输，可以调制在射频信号上进行无线传输，也可调制成光脉冲用光纤传送，不受电磁场影响。因此，在一些非快速而又远距离的测量中，如果传感器输出的是电压信号或电流信号，越来越趋向于使用电压/频率（V/F），把传感器输出的信号转换成频率信号。

目前实现电压/频率转换的方法很多，主要有积分复原型和电荷平衡型。积分复原型 V/F 转换器主要用于精度要求不高的场合；电荷平衡型精度较高，频率输出可较严格地与输入电流成比例，目前大多数的集成 V/F 转换器均采用这种方法。V/F 转换器常用集成芯片主要有 VFC32 和 LM31 系列。

10.3　传感器干扰的类型及产生

测量仪表或传感器工作现场的环境条件常常是很复杂的，各种干扰通过不同的耦合方式进入测量系统，使测量结果偏离准确值，严重时甚至使测量系统不能正常工作。为保证测量装置或测量系统在各种复杂的环境条件下正常工作，就必须要研究抗干扰技术。

抗干扰技术是检测技术中一项重要的内容，它直接影响测量工作的质量和测量结果的可靠性，因此，测量中必须对各种干扰给予充分注意，并采取有关的技术措施，把干扰对测量的影响降低到最低或容许的限度。

测量中来自测量系统内部和外部，影响测量装置或传输环节正常工作和测试结果的各种因素的总和，称为干扰（噪声）。而把消除或削弱各种干扰影响的全部技术措施，总称为抗干扰技术或防护。

10.3.1　干扰的类型

根据干扰产生的原因，通常可分为以下几种类型。

1. 电和磁干扰

电和磁可以通过电路和磁路对测量仪表产生干扰作用，电场和磁场的变化在测量装置的有关电路或导线中感应出干扰电压，从而影响测量仪表的正常工作。这种电和磁的干扰对于传感器或各种检测仪表来说是最为普遍、影响最严重的干扰。因此，必须认真对待这种干扰。

2. 机械干扰

机械干扰是指由于机械的振动或冲击，使仪表或装置中的电气元件发生振动、变形，使连接线发生位移，使指针发生抖动，使仪表接头松动等。

对于机械类干扰主要是采取减振措施来解决，例如采用减振弹簧、减振软垫、隔板消振等措施。

3. 热干扰

设备和元器件在工作时产生的热量所引起的温度波动以及环境温度的变化都会引起仪表和装置的电路元器件参数发生变化，另外，某些测量装置中因一些条件的变化产生某种附加电动势等，都会影响仪表或装置的正常工作。

对于热干扰，工程上通常采取下列几种方法进行抑制。

（1）热屏蔽。把某些对温度比较敏感或电路中关键的元器件和部件，用导热性能良好的金属材料做成的屏蔽罩包围起来，使罩内温度场趋于均匀和恒定。

（2）恒温法。例如将石英振荡晶体与基准稳压管等与精度有密切关系的元器件置于恒温设备中。

（3）对称平衡结构。如差分放大电路、电桥电路等，使两个与温度有关的元器件处于对称平衡的电路结构两侧，使温度对两者的影响在输出端互相抵消。

（4）温度补偿元器件。采用温度补偿元器件以补偿环境温度的变化对电子元器件或装置的影响。

4. 光干扰

在检测仪表中广泛使用各种半导体元器件，但半导体元器件在光的作用下会改变其导电性能，产生电动势或引起阻值的变化，从而影响检测仪表正常工作。因此，半导体元器件应封装在不透光的壳体内，对于具有光敏作用的元器件，尤其应注意光的屏蔽问题。

5. 湿度干扰

湿度增加会引起绝缘体的绝缘电阻下降，漏电流增加；电介质的介电系数增加，电容量增加；吸潮后骨架膨胀使线圈阻值增加，电感器变化；应变片粘贴后，胶质变软，精度下降等。通常采取的措施是：避免将其放在潮湿处，仪器装置定时通电加热去潮，电子器件和印制电路浸漆或用环氧树脂封灌等。

6. 化学干扰

酸、碱、盐等化学物品以及其他腐蚀性气体，除了其化学腐蚀性作用将损坏仪器设备和元器件外，还能与金属导体产生化学电动势，从而影响仪器设备的正常工作。因此，必须根据使用环境对仪器设备进行必要的防腐措施，将关键的元器件密封并保持仪器设备清洁干净。

7. 射线辐射干扰

核辐射可产生很强的电磁波，射线会使气体电离，使金属逸出电子，从而影响到电测装置的正常工作。射线辐射的防护是一种专门的技术，主要用于原子能工业等方面。

10.3.2　干扰的产生

1. 放电干扰

放电干扰主要有以下几个。

（1）天体和天电干扰。天体干扰是由太阳或其他恒星辐射电磁波所产生的干扰。天电干扰是由雷电、大气的电离作用、火山爆发及地震等自然现象所产生的电磁波和空间电位变化所引起的干扰。

（2）电晕放电干扰。发生在超高压大功率输电线路和变压器、大功率互感器、高电压输变电等设备上。电晕放电具有间歇性，并产生脉冲电流。随着电晕放电过程将产生高频振荡，并向周围辐射电磁波。其衰减特性一般与距离的平方成反比，所以对一般检测系统影响不大。

（3）火花放电干扰。如电动机的电刷和整流子间的周期性瞬间放电，电焊、电火花、加工机床、电气设备中的开关通断的放电，电气机车和电车导电线与电刷间的放电等。

（4）辉光、弧光放电干扰。通常放电管具有负阻抗特性，当和外电路连接时容易引起高频振荡，如大量使用荧光灯、霓虹灯等。

2. 电气设备干扰

电气设备干扰主要有以下几个。

（1）射频干扰。电视、广播、雷达及无线电收发机等对邻近电子设备造成干扰。

（2）工频干扰。大功率配电线与邻近检测系统的传输线通过耦合产生干扰。

（3）感应干扰。当使用电子开关、脉冲发生器时，因为工作中会使电流发生急剧变化，形成非常陡峭的电流、电压前沿，具有一定的能量和丰富的高次谐波分量，会在其周围产生交变电磁场，从而引起感应干扰。

10.3.3　信噪比和干扰叠加

1. 信噪比

干扰对测量的影响必然反映到测量结果中，它与有用信号交连在一起。衡量干扰对有用信号的影响常用信噪比（S/N）表示，即

$$S/N = 10\lg\frac{P_S}{P_N} = 20\lg\frac{U_S}{U_N} \qquad (10\text{-}1)$$

式中，P_S 为有用信号功率；P_N 为干扰信号功率；U_S 为有用信号电压的有效值；U_N 为干扰信号电压的有效值。

依据式（10-1）得到，信噪比越大，干扰的影响越小。

2. 干扰的叠加

（1）非相关干扰电压相加。各干扰电压或干扰电流各自独立地互不干扰时，它们的总功率为各干扰功率之和，其电压之和为

$$U_N = \sqrt{\sum U_{Ni}^2} \qquad (10\text{-}2)$$

（2）两个相关干扰电压之和。当两个干扰电压并非各自独立，存在相关系数 γ 时，其总干扰电压为

$$U_N = \sqrt{U_{N1}^2 + U_{N2}^2 + 2\gamma U_{N1}U_{N2}} \qquad (10\text{-}3)$$

显然，$\gamma=0$ 时为非相关，γ 在 $0\sim1$ 或 $0\sim-1$ 时，两电压均为部分相关。

10.4 传感器的抗干扰技术

为了保证测量系统的正常工作，必须削弱和防止干扰的影响，如消除或抑制干扰源、破坏干扰途径以及消除被干扰对象（接收电路）对干扰的敏感性等。通过采取各种抗干扰技术措施，使仪器设备能稳定可靠地工作，从而提高测量的精确度。常用的抗干扰技术主要有屏蔽技术、接地技术、浮置技术、滤波技术、光电耦合技术等。

10.4.1 屏蔽技术

利用金属材料制成容器，将需要防护的电路包在其中，可以防止电场或磁场的耦合干扰，此种方法称为屏蔽。屏蔽可以分为静电屏蔽、电磁屏蔽和低频磁屏蔽等几种。

1. 静电屏蔽

根据电学原理，静电场中的密闭空心导体内部无电力线，亦即内部各点等电位。静电屏蔽就是利用这个原理，以铜或铝等导电性良好的金属为材料，制作封闭的金属容器，并与地线连接，把需要屏蔽的电路置于其中，使外部干扰电场的电力线不影响其内部的电路；反过来，内部电路产生的电力线也无法外逸去影响外电路。必须说明，作为静电屏蔽的容器器壁上允许有较小的孔洞（作为引线孔），它对屏蔽的影响不大。在电源变压器的一次侧和二次侧之间插入一个留有缝隙的导体，并将它接地也属于静电屏蔽，可以防止两绕组间的静电耦合。

2. 电磁屏蔽

电磁屏蔽也是采用导电良好的金属材料作屏蔽罩，利用电涡流原理，使高频干扰

电磁场在屏蔽金属内产生电涡流,消耗干扰磁场的能量,并利用涡流磁场抵消高频干扰磁场,从而使电磁屏蔽层内部的电路免受高频电磁场的影响。

若将电磁屏蔽层接地,则同时兼有静电屏蔽作用。通常使用的铜质网状屏蔽电缆就能同时起电磁屏蔽和静电屏蔽的作用。

3. 低频磁屏蔽

在低频磁场中,电涡流作用不太明显,因此必须采用高导磁材料作屏蔽层,以便将低频干扰磁力线限制在磁阻很小的磁屏蔽层内部,使低频磁屏蔽层内部的电路免受低频磁场耦合干扰的影响。

例如仪器的铁皮外壳就起到低频磁屏蔽的作用。若进一步将其接地,又同时起静电屏蔽和电磁屏蔽作用。在干扰严重的地方常使用复合屏蔽电缆,其最外层是低磁导率、高饱和的铁磁材料,内层是高磁导率、低饱和的铁磁材料,最里层是铜质电磁屏蔽层,以便一步步地消耗干扰磁场的能量。在工业中常用的办法是将屏蔽线穿在铁质蛇皮管或普通铁管内,达到双重屏蔽的目的。

10.4.2　接地技术

接地起源于强电技术,它的本意是接大地,主要着眼于安全,这种地线也称为"保安地线",它的接地电阻值必须小于规定的数值。对于仪器、通信、计算机等电子技术来说,"地线"多是指电信号的基准电位,也称为"公共参考端",它除了作为各级电路的电流通道之外,还是保证电路工作稳定、抑制干扰的重要环节。它可以是接大地的,也可以是与大地隔绝的,例如飞机、卫星上的地线。因此通常将仪器设备中的公共参考端称为信号地线。

1. 地线的种类

(1) 模拟信号地线:它是模拟信号的零信号电位公共线,因为模拟信号有时较弱,易受干扰,所以对模拟信号地线的横截面积应尽量大些。

(2) 数字信号地线:它是数字信号的零电平公共线。由于数字信号处于脉冲工作状态,动态脉冲电流在接地阻抗上产生的压降往往成为微弱模拟信号的干扰源。为了避免数字信号对模拟信号的干扰,两者的地线应分别设置为宜。

(3) 信号源地线:传感器可看做是测量装置的信号源,通常传感器安装在生产现场,而测量装置设在离现场一定距离的控制室内,从测量装置的角度看,可认为传感器的地线就是信号源地线。它必须与测量装置进行适当的连接才能提高整个检测系统的抗干扰能力。

(4) 负载地线:负载的电流一般都较前级信号电流大得多,负载地线上的电流有可能干扰前级微弱的信号,因此负载地线必须与其他地线分开,有时两者在电气上甚至可以是绝缘的,信号通过磁耦合器或光耦合器来传输。

2. 低频电路（$f < 10\text{MHz}$）一点接地

对于上述四种地线一般应分别设置,在电位需要连通时,也必须仔细选择合适的点，在一个地方相连，才能消除各地线之间的干扰。

（1）单级电路的一点接地原则

如图 10-1（a）所示，单级选频放大器的原理电路上有七个线端需要接地，如果只从原理图的要求进行接线，则这 7 个线端可接在接地母线上的任意点上，这几个点可能相距较远，不同点之间的电位差就有可能成为这级电路的干扰信号，因此应采取如图 10-1（b）所示的一点接地方式。

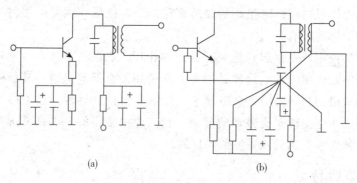

图 10-1　单级电路的一点接地

（2）多级电路的一点接地原则

如图 10-2（a）所示的多级电路中，利用了一段公用地线后，再在一点接地，它虽然避免了很多接地可能产生的干扰，但是在这段公用地线上却存在着 A、B、C 三点不同的对地电位差，有可能产生共阻抗干扰。当各级电平相差较大时，高电平电路将会产生较大的地电流干扰低电平电路。只有当级数较多，电平相差不大时这种接地方式才可勉强使用。图 10-2（b）采用了分别接地方式，适用于 1MHz 以下的低频电路。它们只与本电路的地电流和地线阻抗有关。

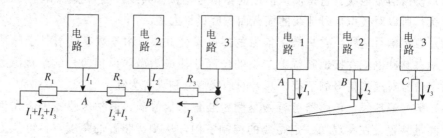

图 10-2　多级电路的一点接地

3. 高频电路（$f > 10\text{MHz}$）大面积就近多点接地

它要求强电地线与信号地线分开设置，模拟信号地线与数字信号地线分开设置，交流地线与直流地线分开设置。大面积多点接地如图 10-3 所示。

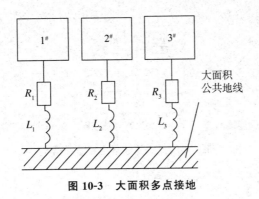

图 10-3　大面积多点接地

10.4.3　浮置技术

如果检测装置的输入放大器的公用线，既不接机壳也不接大地就称为浮置，又称浮空或浮接。浮置的目的是要阻断干扰电流的通路。浮置后，检测电路的公共线与大地（或机壳）之间的阻抗很大，因此，浮置与接地相比能更强地抑制共模干扰电流。

采用浮置的测量系统如图 10-4 所示。

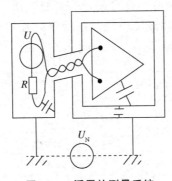

图 10-4　浮置的测量系统

10.4.4　滤波技术

滤波器是抑制交流差模干扰的有效手段之一。有 RC 滤波器和 LC 滤波器等几种。

1. RC 滤波器

当信号源为热电偶、应变片等信号变化缓慢的传感器时，利用小体积、低成本的无源 RC 低通滤波器将对串模干扰有很好的抑制效果。对称的 RC 滤波器电路如图 10-5 所示。应该注意 RC 滤波器是以牺牲系统响应速度为代价来减小差模干扰的。

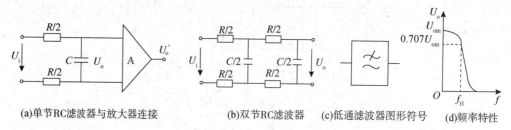

(a)单节RC滤波器与放大器连接　　　(b)双节RC滤波器　(c)低通滤波器图形符号　(d)频率特性

图 10-5　RC 滤波器电路及符号

2. 交流电源滤波器

电源网络吸收了各种高、低频噪声，对此常用压降较小的 LC 滤波器来抑制混入电源的噪声。交流电源滤波如图 10-6 所示。

图 10-6 中的 $100\mu H$ 电感、$0.1\mu F$ 电容组成高频滤波器，用于吸收从电源线传导进来的中短波段的高频噪声干扰；图中两只对称的 $5mH$ 电感是由绕在同一只铁芯两侧、匝数相等的电感绕组构成的，称为共模电感。由于电源的进线侧至负载侧的往返电流在铁芯中产生的磁通方向相反、相互抵消，因而不起电感作用，阻抗很小。但对于电源相线和中性线同时存在的大小相等、相位相同的共模噪声干扰，能得到一个大的电感，呈高阻抗，所以对共模噪声干扰有良好的抑制作用。如图 10-6 中的 $10\mu F$ 电容能吸收因电源波形畸变而产生的谐波干扰，压敏电阻能吸收因雷击等引起的浪涌电压干扰。

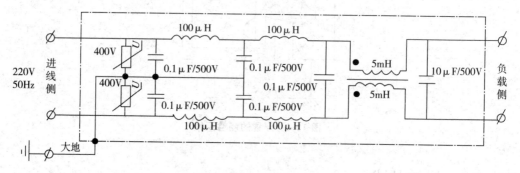

图 10-6　交流电源滤波

3. 直流电源滤波器

直流电源往往为几个电路所共用，为了避免通过电源内阻造成几个电路间相互干扰，应在每个电路的直流电源上加上 RC 或 LC 退耦滤波器，如图 10-7 所示。图中的电解电容用来滤除低频噪声，电解电容旁边并联一个 $0.01\sim0.1\mu F$ 的磁介电容或独石电容，用来滤除高频噪声。

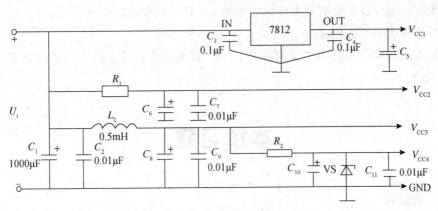

图 10-7　直流电源退耦滤波器

10.4.5　光电耦合技术

目前，检测系统越来越多地采用光电耦合器，也称光耦，它可较大地提高系统的抗共模干扰能力。光耦合器是一种电→光→电耦合器件，它的输入量是电流，输出量也是电流，可是两者之间从电气上看却是绝缘的，输入、输出回路的绝缘电阻可高达 $10^{10}\,\Omega$、耐高压超过 $1\mathrm{kV}$。光耦中的发光二极管一般采用砷化镓红外发光二极管，而光敏元件可以是光敏二极管、光敏三极管、达林顿管等，甚至可以是光敏双向晶闸管、光敏集成电路等。

本章小结

本章主要讲述了传感器的基本电路单元、传感器的信号变换、传感器的干扰类型及产生、传感器的抗干扰技术等相关知识。本章知识点如下：

（1）传感器是将输入量转变成电量或电信号输出的元件。传感器输出的信号有很多特点。

（2）传感器测量电路的基本组成包括各种信号放大电路、电桥电路、滤波电路及调制解调电路等。

（3）电桥电路有直流电桥和交流电桥两种。电桥电路的主要指标是输出特性、非线性误差和桥路灵敏度。信号放大电路是传感器信号调理最常用的电路。

（4）电压与电流的相互转换实质上是恒压源与恒流源的相互转换，变换方式主要有电压转换为电流（V/I 转换器）和电流转换为电压（I/V 转换器）两种。

（5）根据产生的原因，传感器干扰通常可分为电和磁干扰、机械干扰、热干扰、光干扰、湿度干扰、化学干扰、射线辐射干扰。

（6）放电干扰主要有天体和天电干扰、电晕放电干扰、火花放电干扰和辉光、弧光放电干扰。电气设备干扰主要有射频干扰、工频干扰和感应干扰。

（7）信噪比和干扰叠加。

（8）常用的抗干扰技术主要有屏蔽技术、接地技术、浮置技术、滤波技术、光电耦合技术等。

本章习题

一、填空题

1. 传感器测量电路的基本组成包括各种 _____ 、 _____ 、 _____ 、_____ 等。

2. 常用的信号转换主要有 _____ 转换和 _____ 转换。

3. 常用的抗干扰技术主要有 _____ 、 _____ 、 _____ 、_____ 、 _____ 等。

4. 屏蔽可以分为 _____ 、 _____ 和 _____ 等三种。

二、简答题

1. 直流信号与交流信号比较具有哪些优点？

2. 说说干扰主要有哪些类型。

3. 简述地线的种类及应用，说说一点接地原则。

三、计算与分析题

1. 在某个扩音器输入端测得：话筒输出的演讲者声音平均电压为 50mV，50Hz 干扰 "嗡嗡" 声的电压为 0.5mV，求信噪比。

2. 试分析一台你所熟悉的测量仪器在工作过程中经常受到的干扰及采取的防护措施。

第11章　铁道车辆检测技术

本章导读

地对车车辆运行安全监控体系，由红外线轴温探测系统、货车运行状态地面安全监测系统、货车滚动轴承早期故障轨边声学诊断系统、货车运行故障动态图像检测系统和客车运行安全监控系统五个子系统组成。车号自动识别系统与5T系统联合使用能实现车辆的身份认证，便于车辆的追踪、查找、定位。通过5T系统的运用，能够提高铁路运输安全防范能力，减少事故的发生。

学习目标

- 熟悉5T系统的组成及功能
- 了解车号自动识别系统的作用
- 掌握5T系统各子系统的工作原理
- 掌握5T系统各子系统的作用

11.1　地对车车辆运行安全监控体系

地对车车辆运行安全监控体系简称"5T"系统，主要由五大系统组成，它们是：红外线轴温探测系统 THDS（Trace Hotbox Detection System）、货车运行状态地面安全监测系统 TPDS（Trace Performance Detection System）、货车滚动轴承早期故障轨边声学诊断系统 TADS（Trackside Acoustic Detection System）、货车运行故障动态图像检测系统 TFDS（Trouble of Moving Freight Car Detection System）和客车运行安全监控系统 TCDS（Train Coach Running Safety Diagnosis System）。

地对车车辆运行安全监控体系是车辆部门适应铁路跨越式发展的需求，提升技术装备现代化水平的车辆安全防范系统；5T系统是六大干线提速安全标准线建设重点之一；5T系统采用智能化、网络化、信息化技术，实现地面设备对客货车辆运行安全的动态检测、数据集中、联网运行、远程监控、信息共享，提高铁路运输安全防范能力。与5T系统联合使用的车号自动识别系统是对车辆的身份认证，以便车辆的追踪、查找、定位。

11.1.1 红外线轴温探测系统（THDS）

红外线轴温探测系统（THDS）利用轨边红外线探测头，对通过的车辆每个轴承温度实时检测，并将检测信息实时传到路局车辆安全监测中心，进行实时报警。通过配套故障智能跟踪装置，实现车次、车号跟踪，轴温货车车号的精确预报，重点探测车辆轴承温度。THDS实现了联网运行，每个探测站过车和轴温探测信息直观显示，实现跟踪报警。

轴承作为货车走行部的关键部件，轴承的状态直接影响行车安全。为了预防轴承故障引发的事故，从20世纪80年代起，我国铁路开始运用红外线技术探测列车轴温，防止车辆发生轴温事故。经过30多年的发展历史，红外线轴温探测系统先后经历了一代机、一代半机、二代机、三代机。

11.1.2 货车运行状态地面安全监测系统（TPDS）

货车运行状态地面安全监测系统（TPDS）利用安装在铁路正线直线段上的轨道测试平台，对货车车辆安全指标进行动态检测，重点检测货车运行安全指标脱轨系数、轮重减载率等动力学参数，并检测车轮踏面擦伤、剥离以及货物超载、偏载等危及行车安全的情况。重点防范货车脱轨事故，防范车轮踏面擦伤、剥离，防范货物超载、偏载等安全隐患，加大货车运行安全监控力度，实现货车运行安全质量互控，实现对货车运行状态的分级评判。

多年来，利用旁道的监测设备对铁道车辆等移动设备的运行安全进行监控，是现代化行车安全管理的一个重要举措，国内外铁路管理部门都投入了大量的人力和物力进行相关设备的研究。面对铁路提速范围越来越广、列车速度越来越高、列车重载越来越多、客货混跑及列车密度高居世界第一的状态和铁路跨越式发展的更高要求，特别是针对我国铁路干线提速后空载货车直线脱轨事故频繁发生的现象，铁道科学研究院历经近10年的探索与试验，研制出新一代多功能全自动的实时车辆运行状态地面安全监测装置——TPDS。它通过对运行车辆在轨道上产生的轮轨力或轮对运动状态测量，可对车辆和转向架的运行稳定性进行有效监测，从而识别运行状态不良的车辆，进行相应车辆检修，保障行车安全。这一装置的投入使用将为货车脱轨事故的防范和预警起到重要作用，具有十分重要的意义。

11.1.3 货车滚动轴承早期故障轨边声学诊断系统（TADS）

货车滚动轴承早期故障轨边声学诊断系统（TADS）是专门针对早期防范铁路货车滚动轴承故障研制而成的专用设备。它采用声学技术及计算机技术，利用轨边噪声采集阵列，实时采集运行货车滚动轴承噪声，通过数据分析，及早发现轴承早期故障。重点检测货车滚动轴承内、外圈滚道、滚子等故障。安全防范关口前移，在发现轴温故障之前，对轴承故障进行早期预报。与红外线轴温探测系统互补，防止切轴事故发生，确保行车安全。

　　随着列车运行速度的提高和站停缩短，列车提速安全与车辆运行安全监测水平存在着较大的矛盾，列车提速后有关部件的故障率有增大的趋势，而其中轴承故障是列车运行中的主要故障之一。

　　为了预防由轴承故障引发的事故，我国铁路从 20 世纪 80 年代起，逐步在各大干线上安装了大量的红外线轴温探测系统，并已形成了全路探测网络。应用红外线技术探测车辆轴温，对发现轴温故障，防止燃轴和热切轴事故，减轻列检工人的劳动强度，提高铁路运输效率发挥了重要作用。目前，中国铁路运营里程为 7 万多公里，货车近 70 万辆，干线运行的几乎都是滚动轴承车辆。滚动轴承从出现故障到轴承发热有一个过程，但从轴承发热到热切轴非常快。红外线轴温探测系统采用的是红外线辐射原理，只有轴承发热才能探测到。所以，对滚动轴承来说，温度检测显得有些滞后，防范关口偏弱，安全性不能得到充分保障。声学诊断方法具有早期发现故障、非接触测量等优点，特别适用于通过式在线监测和诊断，因此，很快受到铁路部门的重视。

11.1.4　货车运行故障动态图像检测系统（TFDS）

　　货车运行故障动态图像检测系统（TFDS）是辅助列检作业的在线图像检测系统。利用轨边高速摄像头，对运行货车进行动态检测，及时发现运行故障，重点检测走行部、制动梁、悬吊件、枕簧、大部件、钩缓等安全关键部位，重点防范制动梁脱落事故，防止摇枕、侧架、钩缓、大部件裂损、折断，防范枕簧丢失和窜出等危及行车安全隐患故障。

　　长期以来，列检采用传统的作业方式——"眼看、耳听、手摸、锤敲、鼻闻"。列车维修人员钻入、钻出车辆，劳动强度大，劳动效率低，检修手段陈旧，技术落后。不仅如此，随着列车速度的提高，运行线路的延长，原来的技术作业站不停车或停车时间很短，人工无法进行技术作业，只能靠先进的技术装备来完成这项工作。货车运行故障动态图像检测系统（TFDS），正是适应现行铁路货车运行模式变化的需要，开发而成的专用设备。

11.1.5　客车运行状态安全监测系统

　　随着旅客列车运行速度的不断提高，途中停靠站不断减少，如何确保运行安全，是摆在我们面前的突出课题。在运行中及时发现和防止故障的发生，或通过网络传输实现远程监控、诊断，帮助处理运行中的故障，是确保旅客列车提速的关键。客车运行状态安全监控系统（TCDS），正是适应旅客列车提速这一发展需要研制而成的。

　　TCDS 是通过车载系统对客车运行关键部件进行实时监测和诊断，通过无线或有线网络，将监控信息向地面传输、汇总，形成实时的客车安全监控运行图，使各级车辆管理部门及时掌控客车运行安全情况，重点检测时速 160 千米及以上的客车轴温、制动系统、转向架安全指标、火灾报警、客车供电、电器及空调系统运行安全状态，防范客车轴温事故，防范火灾事故，防范走行部、制动部、供电、电器及空调故障。

TCDS是客车运行安全的有效监控、监测系统，它对防范提速客车重点部位安全起着至关重要的作用。主要功能有以下几个方面：

(1) 全程监控旅客列车运行，监测、检测关键部位信息，实现远程专家诊断。即可以车上应急处理，也可以通过地面专家指导处理，提高处理故障的质量和效率。

(2) 具备重点故障信息、走行公里统计功能，实时掌握车辆技术信息。

(3) 促进车辆检修体制改革，合理确定修程，实现状态检修，为客车安全提供保障。

(4) 促进车辆检修管理技术信息化建设，便于统一管理，提高检修效率。

(5) 实现安全有序可控，为实现高效率运输提供优良的设备支撑。

11.1.6　"5T"系统的运用展望

随着铁路货车"5T"系统安装范围的不断扩大，逐渐形成了一个遍布全路的列车动态检查网络。按照 TADS 平均设置间隔 500km，TPDS 平均设置间隔 400km 和 TFDS 平均间隔 300km 的布点原则，"5T"系统在建立之后，将动态监控盲区完全消除，且重要关口的动态检查也将会非常的完备。列检的保证区段将会进一步加长，运输效率与作业效率也将会进一步的提高，安全保障方式将呈现出定量化与自动化。铁路货车安全手段的变化，对铁路货车的运用工作产生了深远的影响，给运用标准、作业方式、检修制度、劳动组织、管理模式带来了巨大的改变。它以定量的准确预报和现场的快速处理为方向，以提高作业效率与减少重复作业为基础，以优化的劳动组织和改革故障评判标准为措施，以科学的评判作业质量实现的精细化管理为依托，以确保列车安全和适应运输组织为重点，以减轻劳动强度与实现以人为本为目标，来充分地发挥"5T"系统动态检查作用，并且将"5T"系统的预报信息加以综合利用，摸索出来了一条适应中国铁路运输可持续发展的动态检查之路。今后铁路货车的"5T"系统运用发展方向主要表现在：充分利用"5T"系统的预报信息来指导铁路货车的检修、TFDS 关联、TFDS 进行预报来加强对关键部件的检查、建立铁路货车的运行跟踪系统来实现实际质量的联控、综合利用"5T"系统的预报信息来实现 THDS 关联预报、进行人机分工来提高作业效率和改革故障评判模式来提高故障判断的科学性。

11.2　车号自动识别系统

随着我国经济的迅猛发展，铁路运输作为国民经济的一个重要部门，实现运输现代化，提高运输效率已是铁路发展的必由之路。为加快铁路信息现代化建设步伐，我国在全路开展了车号自动识别系统（ATIS）工程建设。车号自动识别系统主要有以下功能：

(1) 实现车次、车号自动识别，为铁路运输管理系统提供车次、车号等实时的基础信息。

(2) 代替人工抄录车号，保证数据真实性、及时性、准确性和连贯性。

（3）提高编组站作业效率，减轻了作业人员的劳动强度。

（4）提供运输确报信息，实现运输确报现代化管理。

（5）与货票系统结合，实现货流统计分析。

（6）实现局间、分局间货车使用费的自动清算。

（7）确保行车安全，实现故障车辆准确预报。

（8）与红外轴温系统结合，可精确预报轴温车辆的车号和所在列车的车次，准确处理轴温故障。

（9）为车辆安全动态监测系统、超偏载系统、平轮探测系统提供准确的车次、车号信息。

（10）建立故障车辆档案，实现全路信息共享，进行动态及跟踪管理。

车号自动识别系统主要由车辆标签、地面 AEI 设备、车站 CPS 设备、列检复示系统、分局 AEI 监控中心设备、标签编程网络、车号信息查询中心等部分组成。

11.2.1 车辆标签

车辆标签（图 11-1）作为车辆的主要配件，内部存储器中存有车号信息及车辆的技术参数信息。标签安装在被识别车辆的底部中梁上，如图 11-2 所示，每辆车安装一个标签。

标签本身是无源的，它是靠地面识别设备发射的微波信号提供能量使其工作的。标签设计简单，工作稳定可靠，识别精度高。其具有很长的使用寿命，并且不需要维护。

图 11-1 车辆标签

图 11-2 车上安装的车辆标签

11.2.2 地面 AEI 设备

地面 AEI 设备主要由室外的车轮传感器、地面天线和室内的 RF 射频装置、读出主机、电源防雷、通信及信号防雷等部分构成。地面 AEI 设备安装在铁路干线运行区间站、局交界口、编组站等处。实时准确地完成对列车及车辆标签信息的采集，并将采集的信息进行处理，通过专线传至车站 CPS 设备。

（1）地面天线。地面天线主要是发射微波信号和接收标签发射回来的调制信号。

（2）读出主机。采集标签信息；测速、计轴、计辆；标签定位；与车站 CPS 设备通信；自检。

（3）RF 射频装置。RF 射频装置是微波发射、接收、解调的装置。

（4）车轮传感器采集车轮信号。

（5）防雷设备。防雷箱分为电源防雷箱和信号及通信防雷箱。

11.2.3　车站 CPS 设备

CPS 管理设备安装在局交界口、编组站、大小货站主机房，完成 AEI 采集数据的处理，并向列检复示系统转发数据。

11.2.4　列检复示系统

复示车站 CPS 设备转发的车号数据信息，为车辆管理和设备维护提供可靠信息。

11.2.5　铁路局 AEI 监控中心

铁路局 AEI 监控中心监测 AEI 的工作状态，协调、指挥 AEI 设备维护，确保 AEI 工作状态良好，实时接收交界口采集的列车和车号数据，并接收各台 AEI 产生的故障信息和设备状态信息。通过对故障信息和设备状态信息进行分析，可以及时了解地面 AEI 设备的工作状态，对故障及时进行处理，还可以监测货车标签的工作状态。

11.2.6　标签编程网络

图 11-3 是标签编程网络。标签编程网络是标签安装前，将车辆信息写入标签内存的网络系统，可在车辆段、厂和站修所对标签进行编程写入，其目的是防止出现错号、重复号，并对丢失损坏的标签进行补装。

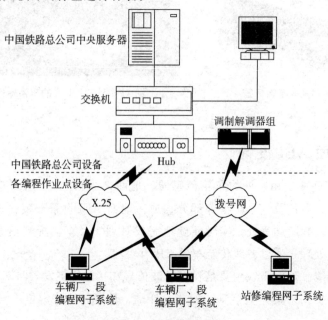

图 11-3　标签编程网络

系统采用 X.25 和拨号两种通信方式，实现网络化管理。通过编程作业点申请车号，以及中心数据库分配车号等技术手段，保证不重号、不错号，保证车号的唯一性。通过网络查询终端实现标签的管理和日常维护。

11.3　红外线轴温探测系统

红外线轴温探测系统是发现轴温、防止切轴，保证铁路运输安全的重要设施，是提高运输效率的重要保障。

红外线轴温探测系统由红外线轴温探测设备和计算机所组成。它可按照用户要求按一定间距设置由红外线轴温探测器组成计算机局域网和远程网，包括与交换数据网的接口。监测系统应用方便，为用户提供了灵活的使用环境，如远程文件访问、数据资源共享、网络终端等功能，用户可以方便地访问网络；配置灵活，在小区域内可建局域网，如局检测中心。在跨度较大的区域内可建远程网，还可以通过网络通信协议与其他网络互联，因此，红外线轴温探测系统可视为一个独立的、专用的数据可交换的计算机信息网络。

11.3.1　红外探测器原理

红外探测器应用了红外测温原理，如图 11-4 所示。

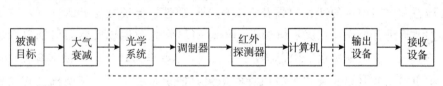

图 11-4　红外测温原理

目前我国安装使用的红外线轴温探测器，其构造形式虽不尽相同，但大体上都是由红外探头、控制部分、记录部分和传输部分组成，如图 11-5 所示。

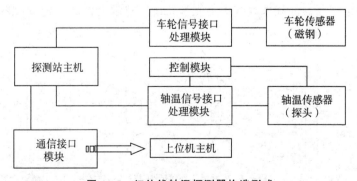

图 11-5　红外线轴温探测器构造形式

红外线轴温探测系统经历了第一代、第二代及第三代，我国目前使用的红外探测系统有 HTK-391 型、HTK-499 型、WCO-II 型、HBDS-II 型、HZT-II 9012 型等一代机、二代机。哈科所研制的二代机经历了以下几个产品阶段：一型机 HTK-187（1987年产品定型）；二型机 HTK-289（1989 年产品定型）；三型机 HTK-391（1991 年产品定型）；四型机 HTK-499（1999 年产品定型）。目前正在全面推广的是 HTK-499 型红外线轴温探测系统。HTK-499 型红外线轴温探测系统是为适应我国铁路提速需求而研制的新一代探测设备。

目前使用得较多的是第三代 HBDS-III 型红外线轴温探测系统。HBDS-III 型红外线轴温探测系统（以下简称三型机）是为适应列车不断提速而开发的新型轴温探测系统，采用调制型制冷式光子探头和新型的自适应轴温计算技术，满足最高车速达 360km/h 的运行列车轴温探测和轴温报警的需要。三型机的光子探头采用碲镉汞光导型（HgCdTe-Pe）器件，器件响应时间常数小于 $11\mu s$；探测器件采用半导体二级制冷，使探头的响应率及信噪比比常温工作状态下的探测器有很大的提高。探头光路用调制盘调制，电路采用交流放大，实现高增益而没有漂移。探测器件采用国内器件，降低成本。

自适应轴温计算技术使系统具有一定的自适应能力。以往的轴温计算技术以探头的状态和性能保持不变为基础，对硬件提出较高的要求，而且若探头性能发生变化即需人工调整或维修。而自适应轴温计算技术使轴温计算精度不受系统状态变化的影响，能够自动适应探头工作状态和性能的变化，适应探测器件响应率的变化，适应探头光学系统增益和电路增益的变化，弥补探头的不一致性，保证轴温计算准确。三型机软件对异常波形进行处理，克服了由于探测器件对异常光源比较敏感而对轴温和轴温预报的影响。三型机的采集板采用智能方式，以 80C552 作为 CPU，一块采集板可以进行单方向轴箱温度波形的采集和车号信息的采集，便于系统扩展。三型机具有比较完善的自检，易于进行故障分析。三型机与红外线测报中心及复示站的通信方式与现有设备兼容，可直接与现有网络组网运行。

1. 红外探头

红外线轴温探测器的红外线探头由光学系统、热敏元件和前置放大器等部分组成。其结构如图 11-6 所示。

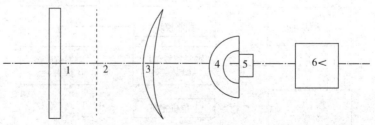

1—保护窗口；2—光栅；3—主透镜；4—浸没透镜；5—热敏片；6—前置放大器

图 11-6 红外探头结构示意图

2. 控制部分

控制部分是整套红外线轴温探测器的指挥系统。当列车到达时，它能自动开机，接通仪器电源为红外组件提供调制信号、控制探头输出信号的传送和记录等动作。控制部分一般包括磁头产生电信号、光栅调制控制电路电子门控制电路、记录自动开关电路、电源控制电路、计算机控制与运算传送系统。

如图 11-7 所示，磁头结构与工作原理为：磁头传感器是一块圆柱形磁钢充上强磁场后，套上线圈安装在钢轨内侧，与钢轨共同构成磁回路。当磁头固定在钢轨上时，磁钢的磁力线通过铁支架与钢轨构成磁路。在没有车轮通过时，钢轨顶端与砸头传感器顶面磁路间隙较大，即磁路的磁阻较大，故磁通较小；当车轮通过时，钢轨顶端与磁头传感器顶面磁路间隙减小，即磁路的磁阻较小，故磁通增大。这就引起通过磁头线圈磁通量发生变化，线圈上就产生一感应电动势。

根据电磁感应定律，感应电动势为

$$e_L = -N \frac{d\varphi}{dt} \tag{11-1}$$

式中，$\frac{d\varphi}{dt}$ 为磁通量变化率；N 为线圈匝数。

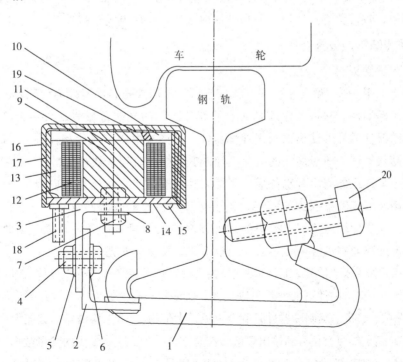

1—安装座；2—底架；3—支架；4—螺栓及帽；5—弹簧垫圈；6—垫圈；7—螺栓及帽；8—垫圈
9—磁钢；10—固定螺丝；11—线圈架；12—线圈；13—绝缘体；14—底板；15—铆钉
16—铝内框；17—铝外罩；18—电线管；19—压盖；20—紧固螺栓

图 11-7　磁头结构及安装示意图

磁头传感器输出信号的大小与磁钢磁性的强弱有关，与线圈匝数的多少（也与线径大小）有关，与列车速度的快慢有关以及与磁头安装的位置有关。每当一个车轮通过传感器时，磁通量变化一次，传感器就产生一个信号电压。信号电压的极性情况与线圈的绕向有关，在连接控制电路时需用仪表加以判别。磁头传感器的输出电压幅值，空载时一般为 3～10V，接入线路后明显衰减，约为 1.5～3V 左右。这个电信号用作光栅控制电路、自动记录电信号、车辆计数及电源自动开关等的控制信号源。

3. 探测站系统技术指标

适应车速：5～360km/h；探测轴温范围：−45～150℃；测温精度：±2℃；探头输出信噪比：环温 25℃，对象温差 5℃条件下，噪声按峰-峰值计算信噪比大于 12dB；噪声按有效值计算信噪比大于 25dB。工作温度范围：室外 −45℃ ～ ＋60℃，室内 0℃～＋40℃；适应环境相对湿度：室外≤95％，室内≤85％，适应电源条件：AC220 [1＋（15％～20％）] V，50Hz。

11.3.2 系统探测站构成及技术指标

探测站设备由轨边设备和轨边机房内设备组成。轨边设备包括光子探头（红外轴箱扫描器）、卡轨器、车轮传感器；轨边机房内设备装置在机柜中，包括主机箱、控制箱、电源箱、防雷设备。轨边设备和机房内设备之间由电缆连接。

1. 探测站轨边设备

（1）光子探头

三型机采用 HD-I 型光子探头，该探头采用碲镉汞光导型器件为探测器。碲镉汞是高速红外敏感器件，其探测原理是入射的红外波段的光能量激发器件内部产生电子空穴对，导致器件的导电性增加（光导型器件）或产生电压（光伏型器件），器件电导或光致电压随入射红外辐射能量的变化迅速改变，响应时间常数小于 $1\mu s$。碲镉汞敏感器件常应用于高速红外测温和红外成像系统，其响应时间常数比热敏电阻小三个数量级，完全满足高速列车轴温探测的需要。光子探头包括碲镉汞器件及制冷器、调制盘及调制盘电机、同步信号传感器、探头信号处理电路板、同步信号电路板、电机控制电路板、器件温度和调制盘温度传感器、光学系统以及探头外壳。

①碲镉汞器件及制冷器。HD-I 型光子探头对碲镉汞探测器进行半导体二级制冷，制冷条件下的器件比室温条件下的器件信噪比高。器件制冷电流的大小影响器件制冷温度的深度。经过测试，选定二级制冷器件，制冷电流最大值为 1.2A。探测器的偏流大小影响器件的探测率 D^* 值、噪声及信号的输出幅值。根据经验数据及厂家提供的参考数据，选偏置电流为 1.2mA，碲镉汞器件的主要指标为：波长 λ 为 3～5μm；中心波长 λ_0 为 4.6μm；探测率 D^* 为≥5×10^9；响应时间 $\tau<1\mu s$；响应率 $R\geq1\times10^3$V/W。

②探头信号的调制。轴箱红外热辐射经光学系统聚焦后被调制盘调制，形成交流信号被探测器件接收并转换成电信号。调制器由调制盘、驱动电机、电机控制电路、

同步信号传感器组成。调制盘位于碲镉汞器件和光学系统之间,为开有齿孔的圆盘,齿孔位于探头光路上。调制盘转动时,切割光路,将轴箱红外热辐射信号调制为交流信号再被探测器接收,转换成交流电信号。因此,探测器输出的电压信号幅值对应对象温度和调制盘温度的温差。调制盘驱动电机的运转由电机控制。同步信号传感器为槽形光耦,为解调电路提供同步信号。探头信号的调制频率根据列车的最高速度确定。设列车最高速度为 360km/h,即 100m/s,设轴箱直径为 250mm,探头探测角度 α 为 45°,则探头扫描轴箱的时间为

$$t = D/(v\sin\alpha) = 250/(100 \times \sin45°) = 3.5\text{ms} \tag{11-2}$$

根据经验,轴箱波形采样点至少为 12 点,因此要求调制频率为 $f = 12/3.5\text{ms} = 3.42\text{kHz}$。

取调制频率为 3.25kHz。根据调制频率确定调制盘电机的转速。调制频率 $f = n/N$,n 为电机转速,N 为调制盘齿孔数。设 $N = 20$,则

$$n = f/N = 3250/20 = 162.5\text{r/s} = 9750\text{r/min} \tag{11-3}$$

③探头信号处理电路。探头信号处理电路由前置放大器、选频放大器、低通滤波器、解调电路等组成。前置放大器由二级交流放大器组成,其中第一级采用超低噪声运算放大器,探头信号经前置放大器放大后,进入中心频率为 3.25kHz 的选频放大器。选频放大器输出的信号经由模拟开关、倒相器、同相放大器、加法器组成的解调器解调,再经过有源低通滤波器和增益调整电路输出。信号处理电路输出电压范围为 $-10 \sim +10\text{V}$。

④同步信号电路。同步信号电路为解调器提供同步信号。槽形光耦经调制盘切割出的同步信号经整形电路、移相电路和电压比较器,成为频率为 3.25kHz、幅值为 5V 的同步信号,输出到解调器供探头信号解调。

⑤电机控制电路。驱动电机内置位置传感器为电机控制电路提供电机转子位置信号,电机控制电路控制调制盘驱动电机的运转和速度控制。为避免电机控制电路散热使探头内部温度升高,电机控制电路装在探头外壳外面。

⑥光学系统。由于探测器的峰值波长为 $4 \sim 6\mu\text{m}$,从使用经验及光谱特性考虑,选择锗单晶材料透镜,透镜折射率为 4。由于折射率高反射损失大,因此必须镀减反射膜,镀膜后透过率可达 85% ~ 90%,可以满足要求。

(2) 卡轨器

卡轨器中装置红外轴箱扫描器,光子探头装在扫描器中。扫描器上装有热靶大门。卡轨器中共有三根电缆,探头电缆为 19 芯密封插头,调制盘电机电缆为 8 芯密封插头,热靶大门电缆为 10 芯航空插头。探头上共有三个密封插座,分别为探头电缆插座、调制盘电机电缆插座和电机控制电路电缆插座。其中,19 芯密封插座(银色)为探头电缆插座;调制盘电机电缆的插座为面向探头物镜,调制盘电机驱动电路盒上左边的 8 芯密封插座(银色),右边的 8 芯密封插座(金色)为探头顶部电机控制电路的电缆插座。探头出厂时,电机控制电路电缆插头、插座已联好,插头为黑色。

（3）车轮传感器

非电气化区段的设备在每个行车方向安装三个车轮传感器（磁头），分别为1号、2号、3号磁头，1号磁头在2号磁头前50m，3号磁头在2号磁头后250mm。电气化区段的设备在3号磁头后加装一个4号磁头，4号磁头距3号磁头350～550mm。

2. 探测站轨边机房内设备

轨边机房内设备装置在机柜中，包括主机箱、控制箱、电源箱、防雷设备。机柜前面右上端的按键开关为机柜内设备的电源总开关。

（1）控制箱

控制箱输出轨边控制信号，控制探头箱大门开闭、调制盘电机运转、碲镉汞器件制冷、热靶加热。控制箱还接收轨边信号，包括探头信号、磁头信号和各种温度信号，这些信号或直接传输给主机箱，或在控制箱内处理后传输给主机箱。控制箱由前面板、后面板、箱体、机笼和电子线路板组成。电子线路板包括器件温控板、测温电路板、功放电路板、磁头信号板、调制盘电机驱动电路电源板以及控制箱前面板上的显示板。控制箱内部右侧有两个电源开关，上面是探头电源的开关，下面是控制箱电源的开关，如表11-1所示。

表11-1　机柜内的各个开关

开关	位置	类型	开启位置
机柜电源总开关	机柜前面右上端	按键开关	按进为开，按键红色灯亮
主机箱开关	电源箱内右侧	船形开关	开关红色灯亮时为闭合
探头电源开关	控制箱内右侧上面	拨动开关	开关向上为闭合，旁边指示灯亮
控制箱开关	控制箱内右侧下面	拨动开关	开关向上为闭合，旁边指示灯亮
风扇开关	电源箱后面板	船形开关	上面按进为开

（2）主机箱

探测站主机采用STD总线工业控制机，由CPU板、智能数据采集板、电源及探头信号滤波板、系统支持板、智能通信板、无线传输通信板和总线匹配板组成，用汇编语言及C语言编制系统采集及信息处理专用软件，整个系统的软硬件均为模块化，可靠性高，易于扩充、维护。主机箱由前面板、后面板、箱体、机笼和电子线路板组成。主机箱的电源开关在电源箱内部。

（3）电源箱

电源箱为主机箱、控制箱和轨边设备提供电源，由前面板、后面板、箱体、电源组成。电源箱内配置三套电源，分别为线性电源、功率电源和开关电源。线性电源包括+15V、-15V和（5～7）V可调电源。其中，+15V、-15V电源为探头电路、器件温控电路和测温电路提供电源，+6V电源为器件制冷部件提供电源。功率电源为+30V开关电源，为功放电路和调制盘电机提供电源。同时，+30V电源通过控制箱里的电机控制电路电源板变换为＋15V 电源，为调制盘电机控制电路提供电源。开关电源为＋12V、－12V 和 5V 电源，为主机箱电路板和控制箱中的功放电路、磁头信号处理电路提供电源。电源箱前面板有开关电源、线性电源和功率电源的指示灯，背面显示板提供了各电源检测点，各检测点在电路板上均有指示。机柜接通电源后，各指示灯常亮。电源箱后面板有为上行控制箱、下行控制箱、主机箱和主机箱风扇提供电源的插座以及风扇开关。电源箱内部右侧的开关是主机箱电源的开关。

11.3.3 探测站系统工作原理

1. 探测站系统室外设备布置

（1）下探方式

1 号磁钢距 2 号磁钢应大于 50m，2 号、3 号磁钢之间的距离为（270±2）mm。探头位于探头箱体内，探头元件中心低于轨面 160～180mm，距钢轨内侧面（415±5）mm，与钢轨内侧面夹角为 6°～8°，探头仰角为 45°，采集距离为 450mm。

（2）上探方式

上探式探头必须放在探头保护箱内，探头箱水平方向至钢轨中心最近距离应大于 1875mm，元件中心至轨道中心要求在 2000～2400mm 之间，垂直方向距轨面最大高度应小于 1100mm，探头元件中心距轨顶面应大于 850mm，两线距离较小时，应兼顾基础与上下行的距离。探头俯角大于 14°，两探头元件中心连接线应与钢轨垂直，如图 11-8 所示。

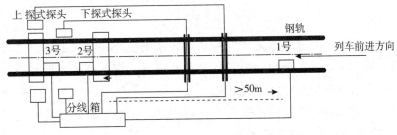

图 11-8 HTK-391 型红外线轴温探测系统

2. 探测站工作原理

探测站工作原理如图 11-9 所示。

（1）等待接车时

在通过列车到达前，探测站系统进行自检，当有上一级微机（指复示中心、监测中心）信息查询报文时，则探测站中断自检，向上一级微机回定点应答报文，然后继续进行自检。

（2）列车压至开机磁钢（1 号磁钢）时

当车轮压至 1 号磁钢时，探测站信息处理计算机首先判断是车轮信号还是干扰信号，当 1 号磁钢有效信号大于 3 次时，默认为来车信号。此时，探测站信息处理计算机系统复位，即系统停止自检和对上位机通信联络，探测站系统准备接车，处理来车的各种信息，为轴温采集做好准备工作，并区别于机车的车轮。

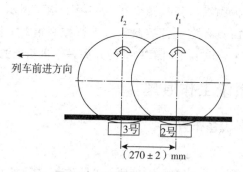

列车前进方向

t_2 t_1

3号 2号

（270±2）mm

图 11-9 探测站工作原理

（3）列车压至 2 号、3 号磁钢时

当列车通过时，2 号、3 号磁钢分别记录通过的时间 t_1，t_2，并送入计算机，为计算速度与距离提供数据，它与列车运行速度成正比。

①测速。当第一辆列车的车轮压于 2 号磁钢时，探测站的计算机已记录下该时刻 t_1，该车轮压至 3 号磁钢时，探测站的计算机已记录下该时刻 t_2，所以当同一车轮从 2 号→3 号磁钢时，所需的时间为：$\Delta t = t_2 - t_1$。又由于 2 号～3 号磁钢之间的距离是已经设定了的，且为 $s = 270\mathrm{mm}$。因此，该车轮通过 2 号、3 号磁钢时的速度为

$$v = \frac{s}{t} = \frac{270}{(t_2 - t_1)} \tag{11-4}$$

这样就测出了该车轮通过探测点时的速度，系统显示和记录的通过车最低、最高速度，即显示和记录通过车全列轴中最低和最高速度。测出列车速度以后，就可以进一步测量与计算出车轮与车轮之间的距离。

②测距。当第二辆列车的车轮压在 2 号磁钢时，探测站的计算机便记录下该时刻 t_3，即可算出车轮与车轮之间的距离为

$$L = v \times (t_3 - t_1) = \frac{270 \times (t_3 - t_1)}{(t_2 - t_1)} \tag{11-5}$$

也就是说，由计算机计算出轴间距，在这个过程中要记录 32 点的轴温。

③轴温采集。下探采集：当列车车轮压到 3 号磁钢时，固定延时 11 个点（约等于 150mm）开始采集，采集距 450mm，共采集 32 个点。上探采集：当列车车轮压到 3 号磁钢时，固定延时 16 个点（约等于 150mm）开始采集，采集距离 225mm，共采集 16 个点。客探采集，同下探。当列车车轮压到 3 号磁钢时，固定延时 59 个点，即下探采完 32 个点后固定延时 16 个点开始采集，共采集 16 个点。

采样所需时间为 $T = \dfrac{s}{v} = \dfrac{450}{v} = 450 \times \dfrac{(t_2 - t_1)}{270}$；采样间隔时间为 $\Delta t = \dfrac{T}{32} =$

$\dfrac{450\times(t_2-t_1)}{270\times32}$；采样频率为 $f=\dfrac{32}{T}=\dfrac{270\times32}{450\times(t_2-t_1)}$。

从上式可以看出，不论车速快慢，探测器在轴箱上扫描的尺寸是一定的，扫描的频率随车速快慢的变化而变化。

（4）判断车辆是否通过

计算机通过磁钢信号来判断车辆是否通过，因为计算机计算的轴间距处理时为一个字节，最大为 FF（16 进制），换算成米为 25.5m，即计算机通过判断两次磁钢信号间的时间间隔是否大于时间 $t=\dfrac{25.5}{v}$ m 来判断列车是否通过。若时间大于 t，则说明至少两个轮子之间的距离大于 25.5m，则判断为车辆已通过。若时间小于 t，即两轮之间的距离小于 25.5m，表明列车还没过完。有时列车临时停在探测点上，就会引起一列车被当成两列车生成，并且后半节列车车辆先传到上位机。

（5）列车全部通过

当列车全部通过时，探测站信息向收数计算机送数，如果接上收数计算机收数，就能收到刚通过列车的信息。若自动通信时，中央机查询到此探测点，此探测点将此次列车所采集的数据处理完后，生成的列车报文送往前置机（或复示中心），然后经前置机（或复示中心）送到监测中心计算机。监测中心（或复示中心）确认后，通过前置机向探测站发送确认信息报文。

3. 计轴计辆

计算机根据采集的轴距形成轴距表，这里采用"前后看齐，丢轴补位"的方法。在计轴计辆之前，首先要弄清各种机车车辆的轴距特征和连接条件，然后根据不同的特征值在计算机的记录中进行比较，其具体步骤如下。

（1）判别机车：计算机中记录了 40 余种机车的轴距特征，根据这些特征值与轴距表的符合条件情况，来判别机车的个数、位置和轴数。

（2）初判客车、货车和守车：表 11-2 列出的各类轴距符合轴距表，对判为正常车辆的车还需要对称判别。在匹配不上或不对称之处标出丢轴标志，待进一步处理。

表 11-2　客车、货车和守车轴距特征值

名称 车型	台车距	中档距
客车	21～29	130～160
货车	10～20	45～140
守车	10～20	25～39

（3）判别连接条件：对已判出的车辆，再根据表 11-3 所示的各种车的连接条件进行连接判别。若判别正确，则填写车辆报表。否则标出丢轴标志，待进一步处理。

表 11-3　车辆连接条件

连接条件 本节车型	客车	货车	S_{23}	S_{11}、S_{12}
客车	40～53	31～44	40～47	34～42
货车	31～44	21～35	29～38	24～32
S_{23}	40～47	29～38	38～40	33～35
S_{11}、S_{12}	34～42	24～32	33～35	27～30
内热	39～62	29～52	0～0	0～0
电力	47～55	36～46	0～0	0～0

（4）丢轴处理：处理丢轴是保证计轴计辆准确性的重要手段。若丢轴标志不为零，则表明有丢轴现象。程序将对丢轴处的前后轴距进行分析，从而正确补位，再填写车辆报表。

4. 轴温的采集与处理

（1）探测器扫描位置和轴箱热分布波形分析

由于我国铁路车辆车型比较复杂，很难找到一致性较好的角度，为兼顾滚动与滑动轴承和客车，我们采用远轨时下探探测器，其红外热敏元件中心距钢轨内侧 410～420mm，距轨面平面为 180mm（50kg 轨）和 160mm（60kg 轨），与钢轨的水平夹角为 6°，仰角为 45°。因此计算机对采集的轴温热分布波形有一要求，只有满足这一要求，才能使得计算机判别更加准确，以保证系统判别的准确性。

红外线探测器扫描位置正确与否，直接影响列车轴温预报的准确性，也是衡量系统设备正常与否的关键指标。因此，必须时刻保证红外线探测器的最佳位置。如图 11-10 所示是说明扫描轨迹的。

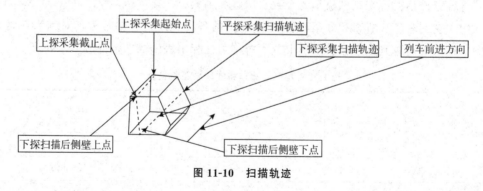

图 11-10　扫描轨迹

（2）滚动轴承扫描位置

探测器扫描滚动轴承扫描位置，首先扫描车底架 5～6 个点，扫描轴承 15～16 个点，接着扫描车底架 9～13 个点，扫描轨迹如图 11-10、图 11-11 所示。根据扫描位置，分析出滚动轴承轴温波形如图 11-12 所示。

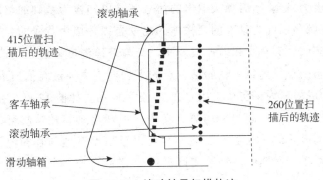

图 11-11　滚动轴承扫描轨迹

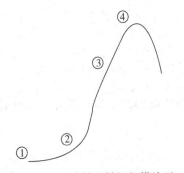

图 11-12　滚动轴承轴温扫描波形

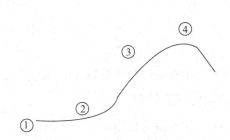

图 11-13　滑动轴承轴温扫描波形

（3）滑动轴承扫描位置。同样，探测器扫描滑动轴承扫描位置，首先扫描车底架 3～4 个点，扫描轴承 9～10 个点，接着扫描轴箱后侧壁 15～16 个点，最后扫描车底架 1～2 个点，扫描轨迹如图 11-11 所示。根据扫描位置，分析出滑动轴承轴温波形如图 11-13 所示。

5. 滚滑判别

我国铁路车辆车型比较复杂，各种车型轴箱尺寸不一样，滚动轴承与滑动轴承正常运转热相差较大。红外探测器探测出的轴温幅值，滚动轴承大约是滑动轴承的 2.5 倍，要提高轴温判别的准确度，首先要对滚动轴承、滑动轴承加以区别。为了提高滚、滑判别的准确度，这里采用了波形判别、面积判别、斜率辨别等多种判别方法。对一辆车的八个轴头先进行判别，这样避免了由于单一的判别而造成的误判的后果。这一综合判别，滚、滑判别的准确性为 99％以上。

6. 轴温的采集与处理

在波形处理程序中，为了提高采集信号的真实性，克服虚假信号的影响，以保证数据的可信度，这里使用了数字滤波技术。采用的方法有算术平均法、加权平均法、上下限滤波法、中值滤波法等。在波形处理上，采用了上下限滤波法，即连续两点采样值的差值不允许超过某一数值，否则此采样值被认为是奇异点并予以剔除。

栅门挡板温度为 A_0。这时探头输出的信号都是以挡板为基础的，即在车底架与轴箱上采集的 32 点都是以此为基准的，物体的温度是以环境为背景的。轴箱随外界变化较大，考虑到列车的底架背景相对比较统一，又与环境温度接近，则选择底架为背景。车底架的温度取整列车采集每一轴的第一点的平均值（去掉最高值与最低值），其指定义为 A_1。轴温的取得是为了防止干扰，在 32 点采样中去掉前 12 点，在剩下的 20 点中去掉最高点，取次高与第三高的平均值定义为：A 作为轴箱的热特征，即轴温的温升值（计算机显示的温升值）$\triangle A = A_0 - A_1$。可以看出温升值与环箱温无关，计算机显示的温升值是相对于车底架的，轴箱实际温度＝显示温升＋车底架温度（接近环境温度）。

对于上探来说，因为没有统一的背景，而且采集的又是轴箱顶部的峰值 A，温升值为

$$\triangle A = A + A_0 - A_环$$

(11-6)

可以看出上探温升与环箱温有密切的关系。轴箱实际温度＝显示温升＋环境温度。

7. 自适应轴温计算

三型机采用新型的自适应轴温计算方案，能自动适应探头工作状态的变化，适应探头光学系统脏污程度的变化，弥补探头的不一致性，轴温计算准确。自适应轴温计算包括热靶标定、盘温补偿和系统标定三部分。热靶标定提供轴温计算的标准曲线，热靶标定时机根据探头的工作状态自动确定；盘温补偿是计算轴温时按照一定的方法补偿调制盘温度变化引起的误差；系统标定校正轴温计算参数，消除探头不一致性带来的影响。自适应轴温计算算法通过分析大量的在各种不同状况下的温度试验数据确定，并经过室内及现场的静态测试，以及实际探测列车轴温的测试验证。

（1）自适应轴温计算的特点

①轴温计算的准确性不因环境温度和探头工作状态的变化而改变。环境温度的变化使探头内部温度改变，随之器件温控电路使探测器件工作在不同的器件温度下，从而使探头的输出特性变化，轴温计算标准亦随之变化。自适应热靶标定方法能够取得在当前探头工作状态下的轴温计算标准，保证轴温计算的准确性。

②能够补偿调制盘温度变化对轴温计算带来的影响，使轴温计算准确。

③能在一定程度上弥补探头光学系统的变化对探头的影响。在现场使用中，探头的光学系统会由于脏污等原因发生变化，从而影响探头整体的输出特性。热靶标定使轴温计算能够自动适应这种变化，保证轴温计算的准确性。

④能够弥补探头性能的不一致性。光子探测器件的不一致性会造成探头性能的不一致，自适应轴温计算方法中的系统标定能够很容易地弥补这种不一致性。探测站可采用统一的软件，更换探头时不需更换探测站软件。

（2）热靶标定

热靶标定是保证轴温计算准确的条件之一。光子探头采用碲镉汞器件作为探测器。碲镉汞器件在不同温度下的输出特性不同，因此若探测器的工作温度发生变化，轴温计算所采用的温度-电压曲线也应随之改变，这一特点决定了以这种方式工作的光子探头难以采用固定的温度-电压曲线进行轴温计算。另外，三型机光子探头采用调制盘对光学信号进行调制，使得调制盘的温度（盘温）也影响探测器的输出。以探测温度不变的对象为例，探测器件的工作温度变化，会使探测器的响应特性发生变化，而调制盘温度的变化使对象和测温背景之间的温差发生变化，两者都会使探头的输出电压发生变化。因此，三型机采用热靶标定的自适应温度标定方法，实时获得轴温计算标准，使系统能够自动适应探头工作状态的变化，使轴温计算准确。

热靶标定由系统自动进行，系统接通电源，第一次过车后，系统要自动进行一次热靶标定，每天根据探头工作状态的变化也要进行数次标定。每次热靶标定结束后，热靶标定数据上传至 PPC，并存入探测站主机的非易失性存储器中。通过 PPC 的上位机软件可调阅最新的热靶标定数据，系统根据前次热靶标定中热靶的温升数值自动判断本次热靶标定的时间长度，在 1.5～2.5min 之间。若在热靶标定过程中来车，则热靶标定中断，标定数据不存储，进入接车状态。待热靶冷却至靶温与盘温接近并再次接车后，系统再自动进行热靶标定。在设备装调时，若需要也可人工通过 PPC 的上位机软件命令系统开始进行热靶标定，但要选择时机，避免热靶标定被过车中断。将探头大罩取下时，若系统自动做热靶标定，则标定数据异常。因此应拨 DIP 开关禁止热靶标定，维护后再恢复开关位置。

（3）盘温补偿

若过车时的盘温与热靶标定时的盘温不同，热靶标定数据要进行修正才能保证轴温计算准确。三型机的自适应轴温计算设计了一套方法，在过车探测、系统标定、探头标定时进行盘温补偿，保证轴温计算准确。

（4）系统标定

热靶标定曲线不能直接用于轴温计算，需进行校正。系统标定是确定轴温计算校正参数的过程。系统标定是设备装调的最后一步，由于系统标定自动进行参数校正，因此可以消除探头不一致性带来的影响。系统标定应距上次热靶标定半小时，以使靶温下降到轨边温度。标定时要避免阳光或其他热源进入探头视场。系统标定的过程如下：

①将主机箱系统支持板 DIP1 开关的第 2 位拨为 OFF。

②将 PPC 的三型机上位机软件运行在探测标定状态，串口电缆连接到主机箱后面板 PPC 机插座上。

③按控制箱的模拟接车键。

④到轨边敲 2 号磁头，系统进入模拟接车状态，探头箱大门打开，探头开始探测。将比盘温高 40℃ 的黑体放在左黑体架上，将黑体紧贴黑体架顶面向左移动，再向右移动，接着用辐射测温枪测黑体温度并记录，然后将黑体放在右黑体架上，同样左右移

动黑体，用辐射测温枪测黑体温度并记录；完成后敲 3 号磁头，探头箱大门关闭，模拟接车状态结束，主机箱前面板相应方向的处理指示灯亮，自检灯灭。

⑤将用辐射测温枪测得的黑体温度填入 PPC 上位机软件的相应表格中，按"黑体温度下装"键，主机会将自动计算出的探头参数及其他数据上传，主机箱前面板相应方向的处理指示灯灭，通信灯亮；数据显示在软件界面上，通信灯灭，自检灯亮。需要注意的是，在显示的数据中，左器件温差和右器件温差数据应接近 0℃。若温差过大，应重新进行热靶标定且热靶温度下降到轨边温度后，再做一次系统标定。

⑥将主机箱系统支持板 DIP1 开关第 2 位拨为 ON，系统标定结束。

敲 3 号磁头后，若 3min 内未将黑体温度数据通过 PPC 传入主机，则主机自动结束系统标定过程，原有参数不变。若将电源线引到轨边使黑体持续控温，则标定精度较高且不需测温。

（5）探头标定

探头标定是用黑体检验系统是否能够正确探测轴温的过程。探头标定与系统标定的过程相似，不同的是主机箱系统支持板 DIP1 开关的第 2 位为 ON。探头标定应距上次热靶标定半小时以上，以使靶温下降到轨边温度。标定时要避免阳光或其他热源进入探头视场。

探头标定的过程如下：

①检查主机箱系统支持板 DIP1 开关的第 2 位是否为 ON，若不是，则拨为 ON。

②将 PPC 的三型机上位机软件运行在探测标定状态，串口电缆连接到主机箱后面板 PPC 机插座上。

③按控制箱的模拟接车键。

④到轨边敲 2 号磁头，系统进入模拟接车状态，探头箱大门打开，探头开始探测。将比盘温高 40℃ 的黑体放在左黑体架上，将黑体紧贴黑体架顶面向左移动，再向右移动，接着用辐射测温枪测黑体温度并记录；然后将黑体放在右黑体架上，同样左右移动黑体，用辐射测温枪测黑体温度并记录；完成后敲 3 号磁头，探头箱大门关闭，模拟接车状态结束。主机箱前面板相应方向的处理指示灯亮，自检灯灭。

⑤将黑体温度填入 PPC 上位机软件的相应表格中，按"黑体温度下装"键，主机会将计算出的探测温度及其他数据上传，主机箱前面板相应方向的处理指示灯灭，通信灯亮；数据显示在软件界面上，探头标定结束，通信灯灭，自检灯亮。需要注意的是，在显示的数据中，左器件温差和右器件温差数据应接近 0℃。若温差过大，应重新进行热靶标定且热靶温度下降到轨边温度后，再做一次探头标定。敲 3 号磁头后，若 3min 内未将黑体温度数据通过 PPC 传入主机，则主机自动结束探头标定过程。若将电源线引到轨边使黑体持续控温，则标定精度较高且不需测温。

8. 异常波形处理及滚滑判别

针对光子探头探测波形的特点，三型机设计了新的滚滑判别算法，开发了新的滚滑判别模块。三型机滚滑判别采用特征距离法作为主要的判别方法，在滚滑判别之前先对尖峰、波形移动、波形变胖、浴盆波形等异常波形进行判别处理，消除异常波形对滚滑判别、轴温计算、轴温判别的影响。

（1）算法原则

考虑异常波形的判别与处理。异常波形包括波形过胖、波形过瘦、波形移动、异常尖峰、浴盆波形等，先将波形异常的部分去掉，将波形转化为正常波形，再进行后续的滚滑判别、轴温计算和轴温判别。滚滑判别算法力求简单，计算量小，为异常波形的处理腾出时间。对每辆车左右的所有轴箱都判滚滑，综合各轴判别结果给出该辆车的滚滑判别结果。对滚动、滑动、客车波形，分别在不同部位取电压最大值进行后续的轴温计算和轴温判别，进一步消除异常波形的影响。

（2）滚滑判别算法

滚滑判别算法应用模式识别特征距离的概念，分别计算探测波形与滚动、滑动标准波形的特征距离，与滚动标准波形距离小者为滚动，与滑动标准波形距离小者为滑动。一辆车对各轴判别后，综合各轴的判别结果给出该辆车的滚滑判别结果。

（3）异常波形判别处理原则

①对于有异常尖峰的探测波形，将尖峰去掉后，计算出去掉尖峰后的波形形状并归一化，以及去掉尖峰后的电压最大值，以此波形和电压最大值进行后续的滚滑判别、轴温计算和轴温判别，以给出正常的轴温值和判别结果，消除波形异常尖峰的影响。随列车数据上传的左右各一根轴温波形也已去掉异常尖峰。

②带有尖峰的原始波形可从测报中心调阅，或在探测站用接车软件接收。

③对于过胖波形，检测出探测波形的上升沿和下降沿后，参照标准波形的上升沿和下降沿位置，调整探测波形的宽度。

④对于位置移动的波形，检测出探测波形的上升沿和下降沿后，参照标准波形的上升沿和下降沿位置，调整探测波形的左右位置。

9. 轴温判别

三型机轴温判别采用三个判据：温升、列温升差、辆温升差。温升是指轴温与环境温度之差；列温升差是指温升与一列车同侧统计平均温升之差；辆温升差是指温升与该辆车同侧统计平均温升之差。三个判别标准都具有清晰的物理意义，且符合统计学原理。将一列车同侧所有轴温温升作为一组样本，则其数据离散性可由方差描述，即方差是样本与其统计平均值距离的表征。轴温轴温温升是一列车轴温统计分布的异常值。对一列车同侧所有温升而言，轴温温升的方差大，可用方差作为轴温判别的判据。而列温升差和辆温升差与方差的意义相同，而计算简单。程序根据三个判别数据综合进行判别。若温升低而列温升差和辆温升差高，也可能被判为轴温；若温升高而列温升差和辆温升差低，也可能被判为正常轴。轴温判别结果为激热、强热、微热三个级别，各级别分为九个等级。列温升差和辆温升差在上传中心的数据中显示为该值的1/4。轴温判别参考标准如表11-4所示。

表 11-4　轴温判别参考标准 （℃）

外探	客车			滚动			特殊			滑动		
	微	强	激	微	强	激	微	强	激	微	强	激
温升	40	60	70	45	60	80	20	30	60	15	30	55
列温升差	8	12	15	9	12	17	3.5	6	14.5	3	6	12
辆温升差	8	12	15	9	12	17	3.5	6	14.5	3	6	12
内探	微	强	激	微	强	激	微	强	激	微	强	激
温升	40	62	72	48	62	82	22	32	62	15	30	55
列温升差	8	12	15	10	12	17	3.5	6	14.5	3	6	12
辆温升差	8	12	15	10	12	17	3.5	6	14.5	3	6	12

11.4　货车滚动轴承早期故障轨边声学诊断系统

货车滚动轴承早期故障轨边声学诊断系统（TADS）是专门针对早期防范铁路货车滚动轴承故障研制而成的专用设备。它采用声学技术及计算机技术，利用轨边噪声采集阵列，实时采集运行货车滚动轴承噪声，通过数据分析，及早发现轴承早期故障。重点检测货车滚动轴承内、外圈滚道、滚子等故障。安全防范关口前移，在发现轴温故障之前，对轴承故障进行早期预报。与红外线轴温监测系统互补，防止切轴事故发生，确保行车安全。

11.4.1　TADS 基本知识

1. 滚动轴承的组成与声音信号的分析

滚动轴承主要由内圈、外圈及滚动体组成。滚动轴承旋转时必然会发生振动，这种振动是由几种振动组合而成的，它主要是与轴承转动体的固有振动和轴的振动等有关。在轴承发生故障时，转动面劣化，转动体通过损伤部分时，会由于冲击现象而发生极快速的冲击振动；在轴承没有发生故障时，轴承在旋转时所表现出来的振动主要是由于转动面的波纹度和光洁度引起的。通过检测这样的振动声音信号就可以针对发生故障的滚动轴承进行早期诊断。滚动轴承具有以外圈的弯曲固有振动为代表的几种固有振动。它与内圈滚动面的凹凸不平有关联的轴承振动频率一起构成了滚动轴承的固有振动频谱。在轴承的运转过程中，存在着以下振动。

（1）由于表面粗糙引起的振动。滚动轴承的滚动面与镜面一样，虽然存在着形位公差和微小的不规则的凹凸不平，轴承在转动时，由于内外圈与滚动体的弹性接触及凹凸不平的相应微小交替变化而产生振动，但是其振动的声音的振幅是很小的，但如果由于润滑不良和混入异物等原因而发生表面粗糙样的损伤，则使整个滚动面发生劣化，表面的凹凸不平现象变大，其相应的振动力也放大，所以，因为表面粗糙而产生的振幅相应增加。

（2）因为剥落故障引起的振动。滚动轴承的内外圈以及滚动体，会经常因为材质疲劳而产生表面局部的剥离或者是裂纹。轴承在旋转时，转动体与缺陷部分产生冲击，进而产生冲击振动力，这个冲击加振力就使轴承的振动系统产生激振，每次冲击时就会产生冲击振动。由于加振力是冲击性的，对表面粗糙和表面正常的轴承一样，都具有宽频成分的频谱。因此，由剥落、裂纹等原因产生的振动频率也为宽频率。而且随着轴承的运转，故障冲击力将周期性地发生，而且每次冲击作用都将会激起轴承系统的共振，这种高频振动的幅值受到脉冲激励的调制而形成一种幅波。产生缺陷的元件不同，这种冲击的周期也不同。

2. 系统的工作原理

TADS 是在轨边安装声学传感器阵列对高速运行列车的车辆轴承的振动声音信号进行采集，采用现代声学诊断技术，将时域信号进行能量谱、功率谱分析，采用模糊诊断及小波分析等理论，建立复杂的数学模型和越来越完善的专家系统，根据不同的轴承故障信号频率、能量、辐射值和相关的车速、荷载的因素，判别出各种不同的轴承故障类型和故障缺陷程度，从而实现对滚动轴承早期故障进行预警、防范，保证行车安全。

（1）声音传感器的设置

根据铁路车辆滚动轴承的运行机理及轴承的尺寸，准确、全面地采集轴承任何部位发生故障产生缺陷时所产生的振动声音。声学传感器的作用区域应大于 6.5m。若采用单独的声学传感器，在这么大的指向区域内保持接受信号灵敏度的一致性是很困难的，而且难以区分是哪一个轴承发出的声音。TADS 采用两侧各六个声学传感器阵列，每一个声学传感器指向性设计的有效区域为 1m 左右，并相互交叉，保证了某一个轴承在探测区域内传感器接收的轴承振动信号是连续的。系统采用测速、测距等技术来区分不同轴承的声音信号在某个传感器作用区域的声音信号，最后，将六个传感器的信号合成，形成每个轴承的声音信号。为了保证六个声学传感器接收信号灵敏度的一致性，系统采用了自适应校准技术，对传感器进行了自适应校准。由于采用了传感器阵列技术，使得系统对轴承信号拾取更加全面和准确，保证了系统对故障轴承诊断的可靠性和准确性。

（2）故障轴承的车号定位和轴位的自动定位

在 TADS 系统中，还加入了车号自动识别设备（AEI），在轴承故障预报的同时，将故障轴承的车号和轴位信息直接上传到上位机。轴承在车辆中的定位是根据标签的安装位置定义的，与列车运行的方向无关。轴承位置定义如图 11-14 所示。

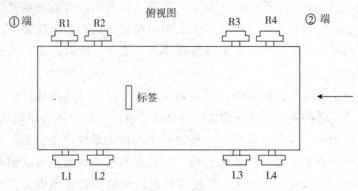

图 11-14　轴承位置定义图

3. TADS 的主要技术性能

自动检测通过列车滚动轴承的滚子、内套、外套等故障。预报等级：5 级。适应车速：30～110km/h（最好 40～80km/h）。自动计轴、计辆和测速。检测精度：预报准确率＞97％。预报的故障轴承的车号和轴位的自动定位。自动识别列车车次、车号信息。自动跟踪故障轴承的发展趋势。

4. TADS 的功能

TADS 系统功能主要有以下几个：

（1）自动检测通过列车滚动轴承保持架的裂纹、松动（或者碎片）；滚子裂纹、剥离、蚀裂、磨损；内外套裂纹、剥离、磨损；轴承环道的腐蚀和其他磨损等故障。

（2）自动计轴、计辆和故障定位 TADS 监测出的故障轴承。

（3）利用 AEI 数据自动识别列车车次、车号，自动跟踪故障轴承的发展趋势。

（4）预报准确率 97％。

（5）数据自动存储，自动生成列车报告及轴承故障诊断报告。

（6）自检，远程维护和监控。

5. TADS 的技术标准

TADS 系统技术标准主要有以下几个：

（1）工作温度：室外设备为 −25～＋60℃，室内设备为 10～35℃（可采用温控设备保证温度达到相应要求）。

（2）湿度：室外设备为 93％，室内设备为 85％。

（3）地线：设防雷地线和保护地线，防雷地线电阻小于 4 欧姆，保护地线电阻小于 10 欧姆。

（4）对电源的要求：电压 220V±15％，50Hz。容量 3KVA。二路供电。

（5）通信要求：专线通道，能保证 9600bps 以上速率的传输。

（6）适应车速：30～110Km/h（最好 40～80Km/h）。

6. TADS 组网方式及数据传输

TADS 采用远程检测，数据集中，联网运行，信息共享的运行模式，所有轨边设备联网运行。系统由一个采集和三个应用共四个层面组成。系统组网方式如图 11-15 所示。

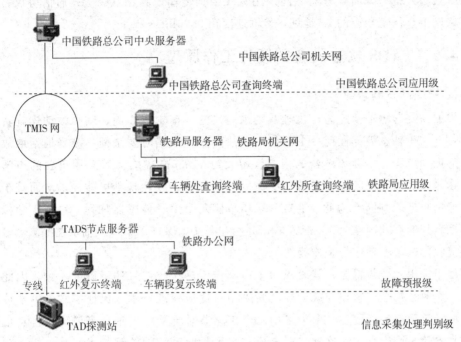

图 11-15　系统组网图

（1）TAD 探测站设备

TAD 探测站设备是 TADS 诊断系统的核心，具有数据采集、计轴计辆、车次车号自动识别、故障判别、故障定位等功能。它采用专用工控机系统，以及 Windows 操作系统，具有强大的网络功能，运行稳定，易于使用。

（2）基层服务器

基层服务器是 TADS 网络的关键部分。对所管辖的 TADS 设备进行通信管理，接收轨边设备过车报文数据，进行分析处理，建库管理，将有关报文传送给分局红外监测中心，厂（段）复示终端和列检所复示终端，并上传铁路局服务器和中国铁路总公司中央数据库。服务器采用具有 NT 内核的 Windows 操作系统，运行稳定，易于使用。数据库采用 Oracle 大型数据库，可增强本系统的稳定性，并且与中国铁路总公司现有的其他系统使用的数据库一致，便于数据库的日后维护和数据共享。

（3）路局服务器

对管辖的分局 TADS 设备进行数据查询、设备运行状态监控。

（4）中国铁路总公司中央数据库

建立全路车辆滚动轴承运行状态数据库和各种轴承的故障档案数据库，通过收集大量的数据，建立滚动轴承早期故障诊断专家系统，自动调整系统判别模型，综合评价各种轴承的运行状态和质量，为铁路车辆制造和检修提供科学、合理的依据。中国铁路总公司中央数据库、路局服务器、基层服务器，通过接入机关办公网，利用 TMIS 主干网实现互联，传输速度在 2Mbit/ 以上。厂（段）复示终端、列检所复示终端、TADS 轨边设备与分局服务器之间采用专线数据传输，利用 TCP/IP 通信协议，系统所有联网节点设定相应的 IP 地址，传输速度在 9600bit/s 以上。

11.4.2　TADS 轨边设备的硬件工作原理

1. 声学信号的获取

根据铁路车辆轴承的运行机理及轴承的尺寸，车轮转 2 周，轴承滚动体旋转 1 周的特点，对于轴承内部任何一个部位发生故障产生缺陷时要全面、准确地拾取故障所产生的振动声音。声学传感器的指向区域大约在 6.5m 左右。若采用单独的声学传感器，在这么大的指向区域内保持接受信号灵敏度的一致性是不可能的，从而难于对轴承故障进行准确判断。为此，TADS 采用单侧六个声学传感器阵列，每个声学传感器指向性设计的有效区域为 1.1m 左右，并相互交叉，保证了某一个轴承在探测区域内传感器接收的轴承振动信号是连续的。

由于采用六个传感器，就要求六个声学传感器接收信号的灵敏度一致，因此系统采用了具有在每个传感器与放大器之间采用自适应校准技术，保证了六个声学传感器接收信号灵敏度的一致性。由于采用六个传感器对于某一个轴承来说需要将六个传感器接收的信号进行合成，这种信号合成技术也是此系统的关键技术。对于相邻轴承同时进入声学传感器阵列探测区，该系统采用测速、测距等技术来区分不同轴承信号。

图 11-16 和图 11-17 是某一个轴承通过声学传感器 MC1－MC6 时的时间以及波形。将每个传感器的声音信号分成 T1 到 T6 段，则该轴承的合成信号为 MC1－MC6 所对应时间段 T1－T6 的合成。

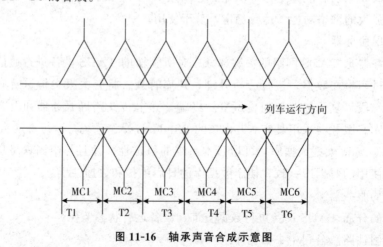

图 11-16　轴承声音合成示意图

实际的波形如图 11-17 所示。

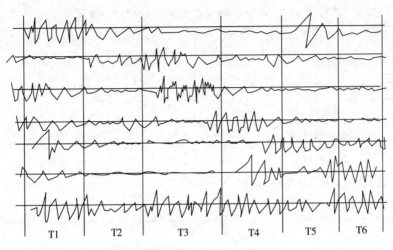

图 11-17　轴承声音合成波形图

　　传感器和放大器采用 B&K 公司的 B&K4938（传感器）、B&K2670（前置放大器）和 B&K2690（多路智能信号放大处理单元）。B&K2690 是一个多功能的智能声音信号处理单元，可由用户和软件设定其输出的灵敏度、滤波方式及参数、提供给传感器的工作电压等，特别是与 B&K4938、B&K2670 配合实现自校准功能。B&K4938 的主要技术指标如表 11-5 所示，B&K2670 的主要技术指标如表 11-6 所示，B&K2690 的主要技术指标如表 11-7 所示。

表 11-5　B&K4938 传感器技术指标

参数	技术要求
直径	1/4 英寸
工作频域	4HZ－70KHZ
极化电压	200v（外加）
输出灵敏度	1.6mv

表 11-6　B&K2670 前置放大器技术指标

参数	技术要求
工作电压	14v
频域范围内	1HZ－100KHz
最大输出电压	10v
最大输出电流	10MA
噪声	14.0uv（在 20Hz－200KHz）以下

表 11-7　B&K2690 多路智能信号放大处理单元

参数	技术要求
供电	110/200，50Hz
最大允许输出电压	31.6 峰值
通道数	4 个
工作频域范围	0.3Hz　1MHz
输出接口	Q9 插头
放大倍数，可以设定范围输入阻抗	−20DB+60DB　1/300pf
输出阻抗	50/500pf

信号采集采用 Microstar Laboratories 公司的智能数据采集卡 Idsc 1816，该卡插在计算机中，总线为 PCI 总线方式。其功能是将采集的信号采集到计算机中，使能够形成计算机可以处理的数据信息。该采集卡除了具有数据采集的功能之外，还包括专用的数据处理系统，包括两个 DSP 处理器和一个具有专用的 32 位板上操作系统的板上计算机系统，根据要求可以完成声音信号的抗混叠滤波、声音处理等高级功能。在本系统中，数据采集卡的第 1～6 通道为声学传感器的输出信号，第 7 和 8 通道为车轮传感器的信号。图 11-18 显示了数据采集的硬件框图，计算机可以通过串口控制放大单元的信号处理单元 2690。

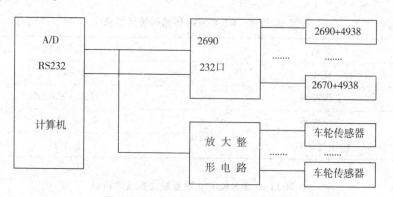

图 11-18　声学数据采集通道示意图

2. 车轮传感器信号的处理

如图 11-19 所示的 TADS 系统声学部分采用两个车轮传感器，它们首先经防雷处理后，进入 SIPS 箱，经放大滤波后接入 A/D 卡的第 7、8 通道，由计算机采集后进行分析处理，判断每个车轮通过的时刻，并进行计轴处理。

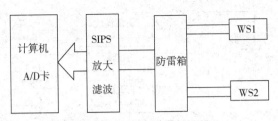

图 11-19　车轮传感器信号的处理示意图

3. 传感器保护箱的控制电路

如图 11-20 所示是传感器保护箱的控制电路。根据传感器的设置距离和安装的实际情况，两个传感器放置在一个保护箱内，保护箱具有抗震性，箱内装有风扇以防水和灰尘，以适应轨边环境。箱内设有保护门，只有在列车通过时才打开。保护门由计算机通过 I/O 卡向 SIPS 箱内的单片机发布开门和关门命令，单片机则实时监测保护门的状态（保护门上设有传感器接近开关），根据计算机的命令，对保护门进行控制，同时将保护门的状态反馈给计算机。控制的方式是控制保护门电机的工作电压的接通和极性。平时，保护门关闭，单片机断开保护门电机的电源。当有列车通过时，计算机发布开门命令，单片机给保护门电机一个正电压，保护门打开，并关断风扇电源，单片机监测到保护门已经打开，马上断开保护门电机电源，并同时通知计算机，保护门已经打开。当列车已经通过后，计算机发布关门命令，则单片机给保护门电机一个负电压，保护门关闭，并打开风扇电源。当单片机监测到保护门已经关闭，马上断开保护门电机电源，并同时通知计算机，保护门已经关闭。

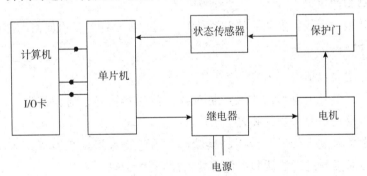

图 11-20　传感器保护箱的控制电路

4. 轨边设备的信号隔离和防雷

轨边设备的信号隔离和系统防雷，采用专用防雷模块，所有与室外连接的信号和电源均具有防雷和隔离。轨边设备的信号隔离和防雷结构如图 11-21 所示。

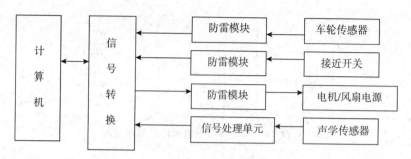

图 11-21　轨边设备的信号隔离和防雷

11.4.3　TADS 地面探测站的构成

TADS 地面探测站是 TADS 系统的核心，完成了数据采集、故障判别等主要功能，它主要由室外、室内两部分组成。

1. 室外部分

室外部分主要包括以下内容：

（1）声学传感器阵列：安装于钢轨两侧，每侧六个传感器，用于采集车辆轴承运转产生的声音信号，系统采用指向性设计，直接朝向轴承，具有很好的声学波谱图，可有效减少其他噪声影响。传感器阵列放置在一个特殊设计的保护箱内，箱内装有风扇和保护门，保护箱具有抗震、防水和防尘功能，适应轨边环境。

（2）车轮传感器：用卡具固定在钢轨上，当列车接近时，自动启动系统，用于车轮定位、计轴和测速等。

（3）AEI 地面天线：发射微波载频信号。同时接收标签反射回来的已调制信号。

2. 室内部分

室内部分主要包括以下内容：

（1）通信、信号、电源防雷箱：是对各种传感器信号、通信信号、控制电源信号进行抗雷冲击及抗浪涌保护的装置。

（2）声学信号放大器箱：分近、远端放大器组，每组六个通道，接收声学传感器阵列信号，并对信号进行滤波和高保真放大处理。

（3）电源信号控制分配箱：对各种信号提供接口电路，通过信号分配控制声学传感器阵列箱保护门开启或关闭。

（4）远程电源控制箱：远程电源控制箱的功能是用电话线控制 AEI 主机、TADS 探测站主计算机、信号采集计算机和通信 MODEM 的交流电源的通断，这样当探测站的 AEI 主机、TADS 探测站主计算机、信号采集计算机和通信 MODEM 任何一个出现故障时，可以在任何地方通过电话重新启动，恢复工作。

（5）信号采集处理工业控制计算机：分远、近端，主要用于信号采集、处理，通过建立复杂数学模型完成故障轴承的诊断判别工作。

（6）主处理计算机：协同两台采集计算机同步工作。对判别的轴承故障数据进行综合评价分析，建立数据库，完成与上位机的通信。

（7）KVM 转换器：将三台计算机（一台探测站主计算机、两台信号采集计算机）构成网络化连接，提高轨边设备综合处理数据的能力及数据的高速交换能力。

（8）AEI 识别设备：识别列车的车次、车号信息；计轴、计辆、测速，并将有关信息数据提供给 TADS 设备，完成对预报的故障轴承车号和轴位的自动定位。

11.4.4　TADS 系统安全条件

1. 机房安全

机房安全主要包括以下内容：

（1）TADS 系统运行机房严格执行《中华人民共和国国家标准 GB/T2887－2000 电子计算机场地通用规范》的要求。

（2）严格遵守"机房管理制度"，非机房工作人员，未经许可不得入内。

2. 设备安全

设备安全主要包括以下内容：

（1）机房的电源系统采用主路电源、备用电源和应急电源的供电方式，确保计算机系统供电的可靠性。

（2）机房按《中华人民共和国国家标准 GB/T2887－2000 电子计算机场地通用规范》的标准进行线缆布置，对电缆配电间及配电柜实行上锁管理。

（3）机房配电使用交流稳压器，采用 UPS 做后备应急电源，供电时间不小于 8 小时。

（4）计算机设备开机、停机时，保证机房温度、相对湿度达到《货车信息管理技术规则》的各项规定要求。

11.4.5　TADS 维修要求

TADS 系统的检修分为日常维修和定期检修。设备检修工作必须坚持日常维修和定期检修相结合的原则，提高定期检修质量，搞好日常维修工作，保证设备正常使用。

日常维修：包括日检、周检、临时故障处理。日检的重点是检查外部设备、设施的紧固、清洁等，以及对设备的使用、运行状态进行确认。周检的重点是检查外部设备、设施的紧固，各项技术指标的测试、校验、调整以及端口处理器的磁盘整理，确保端口处理器运行正常。

定期检修：包括小修、中修、大修三级修程。定期检修周期：小修周期为 1 年；中修周期为 3 年；大修周期为 6 年。设备检修当多种修程重叠时，以高级修程为主。各级修程可以提前或者错后进行。提前或错后的时间为：小修 15 天，中修一个月，大修两个月。

定期检修工作应遵循以下原则：小修以全面检修为主；中修以保持状态为主；大修以恢复为主，第二个大修以更新为主。

检修人员每天必须向检测分析中心分析员了解设备及网络的运行状况。TADS系统检修时，维修人员必须跟列检值班员联系。检修设备后，认真填写检修记录，字迹要清晰工整，定期进行统计分析，不断积累经验，提高设备质量。维修人员执行现场维修时要注意安全，至少两人作业，在线路上作业时必须设人负责防护。

11.5　货车运行状态地面安全监测系统

货车运行状态地面安全监测系统（TPDS）具有监测功能齐全、测试技术先进、测量精度高、系统稳定性好、测试数据分析和处理实时全自动、易于使用、数据网络共享等特点。

11.5.1　TPDS的基本知识

1. TPDS系统监测的功能

（1）识别运行状态不良车辆

近年来，在我国铁路干线列车的全面提速中，发现有为数不少的货运车辆在空载状态、运行速度达70km/h左右时出现蛇行失稳现象，并导致多次列车脱轨事故。蛇行失稳车辆已成为我国干线提速危及行车安全的严重隐患。监测系统由于采用了较长的高平顺性测试平台和连续测量轮轨垂直、横向荷载技术，从测试的轮轨力波形、量值大小可捕获蛇行失稳车辆的主要动力学特征，如蛇行失稳导致车轮侧摆和车辆侧滚引起轮载交替增减载变化、车辆侧摆引起横向力增大等，可为监视和控制蛇行失稳车辆提供重要信息。

由于本系统已把轨道不平顺对车辆振动的激扰作用降低到最低水平，测试结果能较真实地反映车辆自身的动力学特性，使检测结果的可靠性大大提高。通过对测试数据的处理分析，对动力学指标出现超限的车辆进行报警，有关部门可采取扣车修整处理等措施制止超标车辆在线路上运行或限速运行，确保铁路提速过程中的行车安全。

（2）监测车辆总重、前后转向架重、轴重、轮重和车辆超偏载

货车偏载是造成列车在曲线圆缓点区等轨道扭曲较大的部位脱轨的重要原因，货车超载、偏载会加剧轨道结构和车辆损坏，降低轨道部件和车辆的使用寿命，严重时将危及行车安全。为保障行车安全，必须对货车的装载情况进行监测管理，识别偏载、超载车辆，纠正严重偏载、超载状态。

在列车运行过程中实时获得车辆总重、前后转向架重、轴重和车辆超偏载情况，并将监测信息及时传递给铁路货运管理部门，控制严重的装载超偏载减少对车辆、线

路、桥梁等基础设施的破坏。同时，这些基础数据还可使铁路运输增收大量流失的运费。

（3）识别车轮踏面擦伤

监测系统由于采用了长测量区，可对车轮全周长范围内的踏面擦伤进行检测，踏面擦伤捕获率较已有检测设备高。又由于是直接测量踏面擦伤引起的轮轨冲击力（而非一般测加速度），通过数据处理可以采用当量概念来量化车轮踏面擦伤的严重程度，当量值大小的可作为对有严重踏面擦伤车辆报警的依据。建立车轮踏面擦伤的数据库可得到车辆现状分析和铁路安全管理的重要信息。

（4）统计轨道负荷当量通过总重

监测系统可将具体线路通过的列车数量、列车总重等基础数据进行统计，并将车轮踏面擦伤冲击力换算为当量通过重量，从而为铁路部门获得准确的通过总重、当量通过总重、平均轴重等重要信息提供手段，为线路的科学管理、养护维修投入、工务计费收费等提供必要的技术依据。

2. TPDS 的原理

TPDS 是利用设在轨道结构中的测试系统对过往车辆进行轮轨力检测，根据检测结果判定车辆的运行状态、超偏载、车轮擦伤等。传统轮轨力测试方法——钢轨剪力法，一般有效检测区长度只有 $300\sim400\mathrm{mm}$，行车速度较高时，轮轨间垂直力和横向力的检测精度、车轮踏面擦伤的检测率都很低。

TPDS 采用移动垂直力测试、板式传感器等新技术，实现了轮轨垂直力和横向力的连续测试，再加上高平顺测试平台、状态不良车辆识别技术、车号自动识别技术等，不但大幅度提高了较高速度条件下垂直力的检测精度，增长了测量区，还可对车轮全周长范围内的踏面擦伤进行检测，提高踏面擦伤的检测率；最重要的是增加了车辆横向性能测试功能。该装置安装在直线段，可准确地识别货车是否蛇行失稳及失稳的严重程度。

3. TPDS 实现方法

车辆运行状态识别：通过轮重减载系数、轴横向力/垂直力比值、轴横向力大小及变化特征实现；车轮踏面擦伤识别：通过踏面擦伤车轮引起的冲击荷载大小的识别；超偏载检测：通过车辆各轮轮载、轴载、转向架荷载大小与分布实现；当量累计通过总重：通过列车总重与累计通过列车总重累加得到。

11.5.2　TPDS 联网及数据传输

在联网形式上充分体现"分散检测、集中报警、网络监测、信息共享"的基本要求，实现三级联网、三级复示。TPDS 由探测站、路局监控中心、中国铁路总公司查询中心三级组成，并在列检所设监控复示终端；各级中心间以及探测站/列检所间通过铁路通信网络相联。探测站安装货车运行状态地面安全检测装置，实时检测通过车辆的运行状态；路局和中国铁路总公司三级中心负责收集所辖下级系统的检测数据和处理情况汇总报告，执行监控、追踪、查询、管理、分析、评判等功能；列检所监视探测站测点过车检测情况，并负责车辆检查和处理任务的具体执行。

　　全路 TPDS 的组网形式充分体现了系统运行分散检测集中报警、网络监测、信息共享的基本要求，实现了三级联网、三级复示以及三级管理信息系统。三级联网为，探测站与基层监测中心联网、基层监测中心与路局监控中心联网、路局监控中心与中国铁路总公司查询中心联网，三级复示为前方列检所复示（重点检查、处理问题车辆）、车辆段复示（主要解决管理和设备维修上的问题）、路局车辆安全检测技术中心复示（对疑难问题给予技术支持，及时对问题车辆进行处理）。三级系统为中国铁路总公司查询中心系统、铁路局监控中心系统、检测技术复示中心。

　　TPDS 的联网充分利用了铁路通信网既有网络信道以及中国铁路总公司、路局、基层、站段四级机关局域网，构成了一个四级的树型网络，中国铁路总公司查询中心、铁路局监控中心、基层监测中心通过接入同级机关局域网，利用 TMIS 主干网实现互联，传输速率在 2Mbit/s 以上。各探测站及各列检复示终端与所属基层中心间的广域网的接入，根据实际情况，提供 64kbit/s 以上的传输信道，与最近的通信机械室相联。TPDS 采用 TCP/IP 通信协议，系统所有联网节点（中心服务器和监控终端、列检复示终端、探测站服务器和测点机）均按照中国铁路总公司统一的 IP 地址分配原则分配相应的地址。TPDS 联网图如图 11-22 所示。

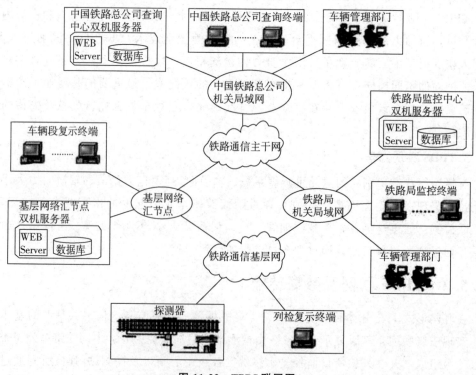

图 11-22　TPDS 联网图

11.5.3　TPDS 测试原理

1. 垂直力测试原理

多年来世界各国都在研制各种检测装置以期对车辆超偏载、车轮踏面擦伤、车辆运行状态进行监控，但迄今还没有一种功能完备、能在较高行车速度条件下稳定、可靠准确地进行检测的系统。其根本原因是：在设置测量区的普通轨道上，难以消除轨道维修规范允许存在的轨道高低、水平等不平顺，这些不平顺势必引起被测车辆产生浮沉、点头、侧滚等振动，使轮载、轴载、转向架荷载本身都偏离静载值而增减变化，产生"附加动荷增量"。

行车速度越高，引起的附加动荷增量就越大，"动荷增量"造成的误差也随之增大。当速度为 20～80km/h 时，普通轨道上养护维修标准允许存在的轨道不平顺引起的"附加动荷载"可达静轮载的 5%～40%，因此，即使测量传感器和二次仪表等的误差为零，也不可能测出准确的静轮载数值。设置测区的普通轨道难以构成真正的支撑平面，不可避免地存在维修规范允许的轨道扭曲，即使当速度为零时，也会使转向架的四个车轮不在同一个轨道平面内而产生"轮重转移"，造成测得的轮载较实际静轮载有较大差异，可达 3%～10%，使测量精度大幅度降低。

大幅度加长连续测量区，以测量区内轮载波动变化曲线的平均值代替"瞬时值"，大幅降低"附加动荷载"误差的影响，从而大大提高检测精度，并提高识别车轮踏面擦伤的准确性。用整体性和抗轨道扭曲化力更强、平顺性和稳定性更好的特殊框架式轨道结构取代测试区的普通轨道结构，进而减小、控制测量台体内轨道扭曲、高低和水平不平顺，尽可能地消除造成"动荷增量因素"的根源。提高测试区和测区前后 50～100m 范围内轨道的平顺性，用花岗岩等硬质道砟更换石灰岩道砟，尽可能振动压实道床后再铺轨枕，提高轨道的铺设精度和更严格地控制轨道不平顺，减小车辆的振动，降低"附加动荷增量"。

"移动垂直力综合检测新方法"如图 11-23 所示：在不增大轨枕间距、不恶化轨道平顺性的条件下即可大幅度增加有效检测区长度。基本原理是在两剪力传感器之间设置若干个轨下垂直压力传感器，组成一个综合检测区，两种传感器采集的数据通过计算机合成处理，从而得到测试区内的垂直力之和。由于有较长的连续检测区，便能测得一段较长时间内车轮垂直力增减变化过程数据的平均值，而不是波动过程的某个瞬时值，这不仅提高了检测精度，还大大提高了装置适用的速度范围。同时，这一新方法还彻底打破了常规检测装置检测功能的单一性，使得同时测量车辆超载、偏载、平均轴重、通过总重、车轮踏面擦伤成为可能。进行轮轨垂直荷载的测量，在现有超偏载装置使用速度（低于 40km/h）的条件下，可达到现有超偏载装置的测量精度。在目前货车正线运行速度下，测重相对误差低于 3%，作为超偏载安全报警装置，其精度是足够的。

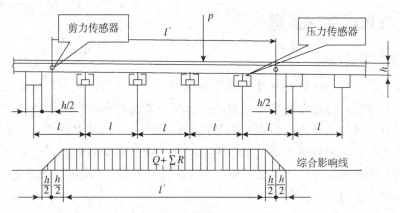

图 11-23　垂直力测试原理图

2. 横向力测试原理

　　轮轨之间横向作用力的测试是监测系统实现评判车辆自身横向运动状态的重要方面。具有代表性的传统的测试轮轨横向荷载的方法是采用剪力法、轨腰弯矩差法，这两种方法都是在钢轨上粘贴应变片来实现的，共同点都是在钢轨上测量，且需在钢轨上粘贴应变片。这样，钢轨轨型、磨耗情况必然会对测量结果带来影响，同时其使用寿命也远远达不到检测系统长期稳定可靠工作的要求。此外，剪力法是在两轨枕之间的钢轨上一个长度范围内测量横向力，属于有效长度很短的间断测量；轨腰弯矩差法虽一般认为是横向力连续测量法，实际上仍是间断测量，只是采用了多点横向力测量的组合，近似连续测量。

　　即便如此，这种测量方法中横向力标定困难，数据处理烦琐，测试精度远远达不到检测系统的精度要求，且占用数据采集通道多，不利于较长测试区段连续测量横向力，更不适合在要求长期稳定可靠工作的检测系统中应用。由于识别车辆横向动力学性能需获得反映车辆横向运动状态的横向轮轨作用力的主要特征，即需要检测到足够长时间的轮轨横向荷载。因此，实现轮轨横向力连续测量是监测系统完成车辆自身横向运动状态评判的技术关键。监测系统采用了在较高速度条件下检测精度高、适应长期稳定可靠工作要求的实现横向力连续检测的技术路线和测试原理。

　　传统的在钢轨上粘贴应变片测量轮轨横向荷载的方法，因为钢轨上粘贴应变片测量轮轨横向荷载难以解决连续、高精度测量问题，同时钢轨上粘贴的应变片也难以保证测试的长期稳定性（或寿命），以及在保持统一稳定的灵敏度，不受外界电磁场、温度、湿度干扰等方面均没有可靠的保证，因此将会导致整个系统的稳定性无法保证。充分利用框架式轨道测试平台的结构特点，并考虑轮轨横向荷载在轨道间的传递特性，借用测试轮轨垂向荷载方法的基本思想，将钢轨视为传递轮轨横向荷载的载体，而在承点上测量钢轨受车辆加在框架结构中轨枕上的作用力大小。测量钢轨支承点处横向荷载与测量垂向荷载的位置相同，采用能同时测量垂向荷载和横向荷载的传感器，从而保证横向荷载的测试具有与垂向荷载测量相同的相位和长期稳定性。

若将钢轨视为传递轮轨横向荷载的载体，而在钢轨的支承点上测量钢轨受车辆作用施加在框架结构中轨枕上的作用力大小。根据轮轨作用横向荷载在钢轨上的受力影响线，通过标定获得钢轨支承点处实际承受横向荷载的比例，再依据车轮在测试区的位置，由钢轨支承点处承受横向荷载的组合而得到车轮在整个测试区连续横向荷载及变化情况。车体横向加速度均值与 TPDS 横向轴力 H 均值相关。

车辆动力学测量系统在 60、65、70、75、80km/h 五个速度级测量的车体横向加速度的平均值与地面安全监测装置测得同一辆车的横向轴力平均值的相关性见图 11-24，表明两者有很强的相关性，说明 TPDS 测定动力学横向参数正确反映了车辆的横向动力学性能。

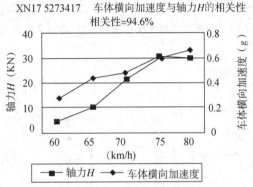

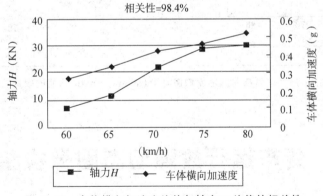

图 11-24　车体横向加速度均值与轴力 H 均值的相关性

3. 车体横向平稳性指标均值与轴脱轨系数均值的相关性

评定车辆横向动力学性能的重要参数是车体的横向平稳性指标，而轴脱轨系数是地面安全监测装置评定车辆状态的重要参数之一。车辆动力学测量系统在 60、65、70、75、80km/h 五个速度级下，测量的车体横向平稳性指标的平均值与地面安全监测装置测得同一辆车的轴脱轨系数的平均值的相关性，部分试验数据见图 11-25。试验表明地面安全监测系统测得的横向力/静轴重，与车辆动力学测量系统的车体横向平稳性指标有很强的相关性，如图 11-26 所示。

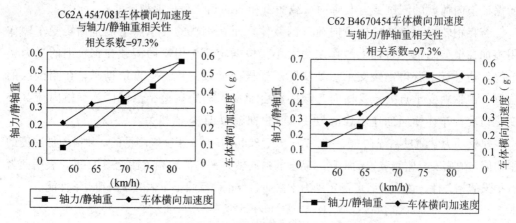

图 11-25　车体横向加速度均值与轴力/静轴重的相关性

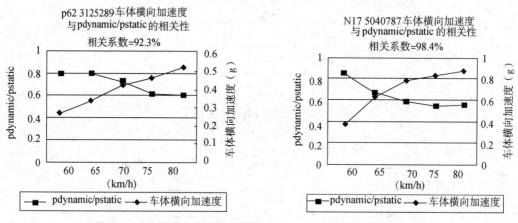

图 11-26　车体横向加速度均值与 Pdynamic/Pstatic 均值的相关性

11.6　货车运行故障动态图像检测系统

货车运行故障动态图像检测系统（TFDS）是一套通过高速像机阵列实时动态拍摄货车车底和侧下部的全部可视信息，实现过车信息、故障及其图像、检修处理信息和车辆部件图像等数据的精确采集和信息管理。

11.6.1　TFDS 的基本知识

1. TFDS 系统研制背景

多年来，铁路货车维修方法传统，技术装备落后，列车安全运输只能凭借检车员钻入车底进行仰面检查，以及他们的责任心和技术来保障，无法适应提速形势的需要，容易出现漏检，造成行车隐患。随着铁路运输的不断改革，对货车安全运输的要求进一步提高，而传统列检作业方式受天气和检修人员影响较大，容易出现漏检漏修的情况，列车检修质量处于不可控状态。因此传统的列检作业方式难以适应发展的需要，需要有智能系统的辅助来帮助我们对货车进行检修。

我国铁路货车的发展方向是重载、快捷；随着铁路的提速和重载运输的发展，车辆部门面临更严峻的考验。TFDS 系统研制的重要性具体有以下几点：

（1）列车隐蔽性故障增多，部分列车故障隐蔽性强。

（2）列检作业时间密集，若不采取高效的检测技术，作业质量难以保障。

（3）传统列检作业方式质量控制难度大。

（4）货车新技术、新结构的采用，若检车员无法检查到位，容易引发故障。

（5）铁路快速发展对生产力布局调整带来新要求。

（6）传统列检方式使得故障责任难以明确，无法准确有效地定责，难以追究责任方的责任。

（7）传统列检作业方式投入的人力较大。

虽然传统列检作业方式在计划经济中发挥了重要作用，但随着铁路跨越式发展战略的实施，它越来越难以适应新形式发展的需要，在一定程度上制约着铁路的发展，因此有必要在列检所采用先进的科技装备和检测手段对其进行变革。

2. TFDS 系统组成

TFDS 系统由轨边探测设备、轨边机房设备、列检检测中心设备三部分组成。硬件设备由永磁信号传感器（即磁钢组）、前置处理器（即永磁信号前端处理机）、高速摄像装置、光源补偿装置、端口处理器、光纤收发器、交换机、网络服务器和窗口计算机等九部分组成。其中，数据采集站安装于室外，包括：11 个永磁信号传感器（磁钢组）及其相关设备、4 台高速摄像机及光源补偿装置、轨边箱。数据处理中转站位于控制室，包括：TFDS 动态检测仪（前置处理器）、端口处理器、光纤收发器、电气控制设备（集中于总控制柜）以及 UPS。列检分析中心：包括光纤收发器、交换机、网络服务器和窗口计算机，如图 11-27 所示。

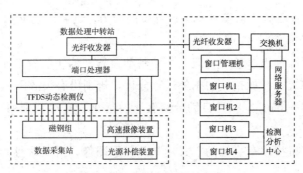

图 11-27　TFDS 系统结构简介

传感器与车辆检测技术

3. 系统原理

货车运行故障动态图像检测系统采用高速摄像机对运行的列车进行图像采集，通过计算机进行分析与处理，计算出列车运行速度，判断出列车车种车型，取出系统所需要的车辆关键部位图像进行存储，以一车一档的方式在窗口计算机中显示，并能按要求打印、传输。通过人机结合的方式判别出车辆转向架、制动装置、车钩缓冲装置等部件及其零配件有无缺损、断裂、丢失等故障，从而达到动态检测车辆质量的目的。TFDS系统原理图如图11-28所示。

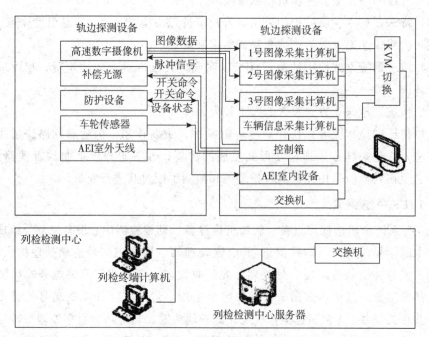

图 11-28 TFDS 系统原理图

4. 系统功能

TFDS 系统具备图像化监控列车关键部位的能力，其系统功能如下：

（1）适应列车速度 5～120km/h。

（2）动态拍摄筛选出车辆转向架、基础制动装置、钩缓装置等车辆关键部位图像，通过人机结合的方式，对抓拍后的图像进行分析，辨别出有关故障。

（3）图像分辨率 640×480，自动分辨客车、货车，自动判别列车速度，自动计轴计辆。

（4）窗口计算机按一车一档的方式建立并显示图像，可一次性存储 10 天左右的列车图片。

（5）能与 AEI 系统连接，可自动生成车统-15、车统-81 等列检所常用报表，预留

— 174 —

HMIS 接口。

（6）实现分散检测、集中报警、联网监测、信息共享。

5. TFDS 图像显示方法

在 TFDS 系统中，以一车一档的方式进行显示，每辆车形成 26 幅图片，分两种浏览方式可以查看。其中一种浏览方式显示 10 幅图片，主要显示侧架和车钩连接部（互钩差）；另一种浏览方式显示 16 幅图片，主要用来显示制动梁（含摇枕）和车钩缓冲装置部分图像。

11.6.2　TFDS 系统标准

1. 运用标准

TFDS 对货车下列部位的可视部分进行外观检查，检查范围和质量标准如下：

（1）转向架

滚动轴承外圈前端、前盖、承载鞍前端无裂损，轴端螺栓无丢失。侧架及一体式构架侧梁外侧、摇枕底部无裂损，侧架立柱磨耗板无窜出、丢失、交叉支撑装置盖板下平面无变形，交叉杆支撑座无破损；轴箱及摇枕弹簧无窜出、丢失、破损，交叉杆无裂损、弯曲、变形；外簧无折断，转 K4 型转向架弹簧托板底部无破损，斜楔主摩擦板无窜出、丢失。

（2）制动装置

闸瓦托吊无裂损，制动梁支柱无裂损，梁体无弯曲、变形；开口销、U 型插销（螺栓）无丢失；闸瓦、闸瓦插销安装不到位、丢失；下拉杆无折断、丢失；安全吊无脱落、丢失，制动梁支柱、下拉杆、固定杠杆支点、移动杠杆、上拉杆的圆销、开口销无折断、丢失；制动梁无脱落；闸调器无丢失，各拉杆无折断；截断塞门开、闭状态正常。

（3）车钩缓冲装置

底部无裂损，钩尾销螺栓、螺母、开口销无丢失。现场检车员要对 TFDS 预报的上述部位钩尾框底部无裂损、折断，钩尾框托板螺栓及螺母无丢失，从板、从板座、缓冲器故障（含疑似故障）逐一进行检查确认。

2. 工作标准

TFDS 工作标准主要有交接班工作标准、动态检车组长工作标准和动态检车员工作标准。

（1）交接班工作标准

TFDS 动态检车员在交接班时，交班人员应认真填写《货车安全防范系统动态检车组交接班记录簿》。接班人员应确认设备状态良好，向交班人员了解设备使用情况及探测网络运行情况，检查记录台账，交接班人员共同在交接班记录簿上签字。

（2）动态检车组长工作标准

TFDS 动态检车组长负责监测 TFDS 系统的运行状态，并负责传输通道故障的监测，要将 TFDS 故障情况及时上报车辆段进行处理。当 TFDS 客户端计算机无法正常工作时或 TFDS 由于光线干扰及其他因素造成图像不清晰，动态检车员无法判断时，要立即向列检值班员报告，由列检值班员通知该班现场检车工长，由现场检车员按技检标准对列车进行人工检查。

（3）动态检车员工作标准

TFDS 动态检车员接到动态检车组长的准备接车口令后，要立即做好接车准备工作。动态检车员要按照职责分工和检查的范围进行作业，在收到列车图像后 6min 内完成对显示图像的分析和故障判断。发现故障后，须立即通知动态检车组长进行确认，并详细做好记录。检查完毕后，要向动态检车组长汇报检查完毕。

3. 预报反馈

TFDS 动态检车人员负责将系统预报故障向列检值班员报告，列检值班员负责将系统所有预报故障按辆为单位向现场检车人员进行预报，现场检车人员负责对系统预报故障进行全面检查确认，并将检查确认结果向列检值班员报告，向动态检车组进行反馈，由动态检车员将检查确认结果录入各系统中。TFDS 动态检车员发现货车故障，并由动态检车组长确认后，由动态检车组长将车次、车号、辆序、故障方位、部位及名称等情况向列检值班员报告；由列检值班员通知现场检车员；由现场检车员对预报故障进行检查确认，并将检查确认情况向动态检车组进行反馈，由动态检车员录入 TFDS。

4. 拦停程序

TFDS 动态检车员发现货车摇枕、侧架裂损；轴承冒烟；制动梁、下拉杆脱落；钩托板裂损及直接危及行车安全的其他车辆故障，经动态检车组长确认后，由动态检车组长将车次、车号、辆序、故障情况通过录音电话通知车辆运行安全监测站 TFDS 值班员，由 TFDS 值班员通过录音电话通知行车调度员和车辆调度员，并填写"货车安全防范系统拦停用车通知卡"送至行车调度员处，双方签字确认，由行车调度员安排立即一停，由车辆调度通知车辆段启动事故调查程序，派员前往处理，并安排专人将处理情况在 24h 内录入 TFDS。

11.6.4　TFDS 系统的运用管理

1. 机检所作业方式

根据列车运行的工作量和运输特点，机检所采用机检人修的方式，对到达、中转、始发列车按规定的检测范围进行检测，根据检测结果由现场检修人员利用列车站停时间进行检修，如在站停时间内不能处理的故障做好记录，并反馈信息。

2. 列车检修作业计划

制定作业计划是合理组织动态监测检修工作、加强现场作业管理、保证高质高效地完成动态监测和车辆检修任务的重要手段，由值班检车员根据站方到发列车计划及时进行编制，并下达机检工长和检车工长。

3. 机检所列车故障等级范围

（1）检测范围

侧梁及枕梁端部、摇枕端部、侧架外侧、车轮外侧、轴头、外枕簧、闸瓦下部、端梁、车钩连接状态、钩舌销开尾、钩托梁、制动软管、交叉杆端部、承载鞍外侧、钩尾框下部、钩尾扁销螺栓及螺母、缓冲器、前从板座、牵引梁、车轴下部、辐板内侧、制动梁体、支柱及圆销和开口销、下拉杆及圆销和开口销、五眼铁及圆销和开口销、安全链、安全吊、内侧枕簧、摇枕下部及排水孔、交叉杆。

（2）故障范围

摇枕、侧架裂损；轮对踏面缺损超限；轴承冒火、冒烟，配件变形严重、激热；钩尾框折断、钩尾扁销螺栓丢失；制动配件脱落、轮对踏面外侧缺损，轴箱盖破损；滚动轴承承载鞍、前盖裂损；密封罩、轴端螺栓脱出；轴承外圈破损；闸瓦插销折断、丢失；斜楔破损、侧架立柱磨耗板窜出、丢失；枕簧折断、窜出、丢失；制动梁槽钢、弓形杆、支柱弯曲、变形、裂损，折断；固定支点弯曲、变形、丢失；移动杠杆丢失；下拉杆弯曲、变形、折断、丢失；安全吊变形、脱落、丢失；上拉杆丢失，各圆销及开口销折断、丢失；钩尾扁销螺栓母丢失；钩尾框托板裂损，螺栓、螺母丢失；从板破损、折断，从板座、缓冲器破损；上下交叉杆弯曲、变形、折断，交叉杆螺母丢失，盖板裂损、弯曲、变形、上、下夹板裂损、弯曲、变形；转 K4 转向架弹簧托板裂损；心盘螺栓、螺母松动、折断、丢失。

4. 列车检测检修作业程序

（1）室内检测作业

机检工长接到列车进入监测提示信息后，立即对全列车图片进行技术整理，然后按列车编组辆数确定车辆分位，通知机检员对本列车图片信息按规定部分进行故障分析，同时在机检工长工作日志上作好记录。如果传输图片不清晰，按设备操作规程要求对地面探头进行调整。机检员接到机检工长下达的列车开始检测的通知后，根据确定的车辆编组车位，对所负责车辆规定部位进行认真分析、诊断，并将故障在运行日志上做好记录。

机检员如发现车辆故障，应立即通知机检工长，同时对所发现故障按程序要求录入微机。机检工长接到机检员发现车辆故障的通知后，应立即对故障情况进行确认，并在工作日志上做好记录，同时用录音电话通知值班员，值班员接到通知后按故障等级组织处理。各机检员检测完毕，分别及时按系统确认程序告知机检工长本列车检测结束，机检工长接到所有机检员检测完毕的通知后，做好下一列列车检测准备。

（2）就地停车联系程序

机检员检查发现故障时，应立即汇报机检工长，机检工长根据机检员汇报情况对其所发现的故障进行进一步确认，并按要求做好记录。机检工长确认后立即用直通电话向列检值班员汇报车辆位数、故障情况。列检值班员接到机检工长关于故障车的情况汇报后，及时做出判断，如需停车，立即向车站值班员通报故障车次，要求车站值班员呼叫司机就地停车，同时按要求做好记录。列检值班员与车站联系完停车事宜后，立即向车间干部汇报，车间干部立即组织人员及工具、汽车等赶赴现场进行处理。故障排除后，检修人员应及时反馈现场情况，列检值班员根据现场反馈的故障实际情况，做好记录。

（3）检修人员作业程序

对于车辆故障，值班员根据机检工长的通知，在车辆故障处理统计表中进行记录，并及时通知检修工长组织人员对车辆故障情况进行现场确认，根据现场实际情况灵活处理，检修人员将处理后的情况反馈值班员。对检测发现的故障需在列车队进行处理时，要充分利用列车站停时间进行，由值班员通知现场检修人员车次、股道、机位次数。故障待摘机后由专人进行防护，并在第一辆车左侧插设防护号志（白天红旗，夜间红灯），做好安全防护后通知检修人员快速修理，故障处理完毕由检车工长用电台逐个联系撤出后，通知专人撤除防护号志，如在站停时间内不能处理的故障，在保障安全的条件下可继续运行，对不换机车的列车需处理车辆故障时，由值班员与车站助理值班员联系，进行组织，并由检车员与司机联系进行专人防护后，方可组织处理。对需进行扣车处理的故障，由值班员联系车站助理值班员进行扣车处理；值班员预报的车辆激热，车辆制动配件脱落，钩缓配件断裂，摇枕、侧架及各梁严重裂损等危及行车安全的故障应立即与车站助理值班员联系拦停列车，同时通知值班干部，由值班干部组织人员赴现场进行故障处理。

（4）对于2级车辆故障，值班员根据故障情况，通知前方列检所进行重点检查、处理。

（5）对于车站申请简便作业的列车，由值班员通知简便人员对列车进行简便作业。

（6）各安装复示设备的列检所针对检测发现的车辆故障，要定期反馈后方列检所，以便进一步提高列检检修质量。

5. 动态监测室机检员岗位工作标准

负责对车辆进行动态检测，对发现的车辆故障及时向工长汇报，并负责当班期间计算机的使用和保管。按规定着装，参加点名，听取车间干部及班工长传达上级领导的指示精神和当日工作要求，在检测室工长的带领下，列队到检测室，按规定接班，工长交接班后，听命令上岗接班。上岗后，检查设备是否良好，系统网络是否正常运行，正确输入密码登录后，按"动态检测系统"程序进行作业。工作中做到专机专用，禁止在计算机上运行任何与工作无关的程序。室内禁止大声喧哗、吸烟、下机位窜岗和做任何与工作无关的事情。有事外出，要经过工长同意后方可行动。间休时严禁外出，按车间要求休息，开展活动。下岗前系统退出到规定界面，整理好卫生、交班。

6. 动态检测作业程序

(1) 重车机检工长岗位作业程序

上岗后，检查系统网络是否正常，双击"货车运行故障动态检测系统"图标，正确输入姓名、密码进行登录。打开"在线作业"栏，单击"今日"准备接车。当系统提示来车时，单击倒计时窗口确认。双击本次列车，检查全列车辆图像排列是否正常，按排列规则将所有错位图像调整正确，单击"返回"，选择"浏览方式"，检查另一组车辆图像排位正确后，口头通知机检员进行检测分析，说明车次、编组，按规定记录《车辆运行班志》，机检工长将未检测到的车次、编组、车位及时电话通知列检值班员。机检工长接到机检员故障预报后，进一步确认，并向列检值班员电话确认车号，传达给机检员。对需要检修组确认维修的车辆故障用直通录音电话通知列检值班员时间、车次、编组、车位、故障部位及名称，确认列检值班员复诵正确，用无线对讲监听到列检值班员传达情况，发现错误及时纠正，并向列检值班员回收处理情况，将处理结果传达给分析员填报"车统-15"。检查机检员故障填报情况，发现漏填、误填及时通知机检员正确填报。根据外界光线调整摄像头光圈，使车辆图像达到最佳效果。

根据车辆图像判断有沙尘、杂物遮掩摄像头或其他设备故障，影响正常检测分析时，应及时通报列检值班员，并做好有关记录。下岗前，退出"货车运行故障动态检测系统"，填报《车辆运行班志》，与接班人办理交接。

(2) 重车机检员岗位作业程序

上岗后，检查系统网络是否正常，双击"货车运行故障动态检测系统"图标，正确输入姓名、密码进行登录。打开"在线作业"栏，点击"今日"准备检测分析。当系统提示来车时，单击倒计时窗口确认，将"车次、编组、在岗位置"记录在《工作日志》上，听机检工长命令可以对车辆图像进行检测分析时，确认好时间、车次，按编组进行分位，双击分车位打开车辆图像，分析自己负责的车辆范围，杜绝查看本范围以外的图像。

查看图像时，单击"下一页"按钮，按车辆顺位对图像依次进行分析，不清楚的图像进行放大分析，防止漏查。在分析过程中发现车辆故障，应及时口头通知机检工长"车位、故障部位、名称"，由机检工长进一步分析确认，按机检工长传达的车辆故障进行填报：选中故障图像，单击鼠标右键"加入故障"，依据故障类型选择正确的故障名称双击鼠标左键，按图表要求依次输入"车号、载重、空重别"等项内容，单击"下一步"，单击"确定"。打开"报表整理"栏，依次选择故障车次、位数、故障名称，单击"车统-15"按钮进行正确填报，正确输入各项内容及处理结果，单击"提交"，选择相应的报表，单击"确定"。依据报表各项内容正确填报后，单击"提交"按钮。打开"在线作业"，单击"今日"准备对车辆进行检测分析。下岗前，退出"货车运行故障动态检测系统"。

（3）空车机检工长岗位作业程序

上岗后，检查系统网络是否正常，双击"货车运行故障动态检测体系"图标，正确输入编号、密码进行登录，双击"列车动态监控系统信息管理平台"系统，准备接车。当系统提示来车时，选择"到达、中转、始发"中的"到达"项确认，口头通知机检员进行检测分析。机检工长将未检测到的车次、编组、车位及时电话通知列检值班员。

机检工长接到机检员故障预报后，进一步确认，对需要检修组确认维修的车辆故障用直通录音电话通知列检值班员时间、车次、编组、车位、故障部位及名称，确认列检值班员复诵正确，用无线对讲监听到列检值班员传达情况，发现错误及时纠正，并向列检值班员回收处理情况，填报正确方法。检查机检员故障填报情况，并将故障信息及处理情况保存并上传。根据车辆图像判断有沙尘、杂物遮掩摄像头或其他设备故障影响正常检测分析时，及时通报列检值班员，并做好有关记录。下岗前，查看《车辆运行班志》是否正确并与列检值班员核对，退出"货车运行故障动态检测系统"及"列车动态监控系统信息管理平台"，与接班人办理交接。

（4）空车机检员岗位作业程序

上岗后，检查系统网络是否正常，双击"货车运行故障动态检测系统"图标，正确输入编号、密码进行登陆，进入作业状态，准备接车。当系统提示来车时，选择"到达、中转、始发"中的"到达"项确认，听机检工长命令，确认好时间、车次，按机位分工，对车辆图像进行检测分析。

查看图像时，单击"后一幅"按钮，按车辆图像顺位依次进行分析，不清楚的图像进行放大分析，防止漏查。在分析过程中发现车辆故障，应及时口头通知机检工长"车位、故障部位、名称"，由机检工长进一步分析确认。分析完本次车后，对发现的车辆故障进行填报：双击故障图放大，单击鼠标右键，在"发现故障"对话框中依据"故障种类"正确选择故障名称，单击"确定"。双击放大的故障图片，返回作业状态，准备接车。下岗前，退出"货车运行故障动态检测系统"。

7. 动态检测室标准用语

（1）交接班

交班工长确认各机检员看完车后发令：退出，整理，交班。接班工长待交班人员离室后发令：交班，检查。接班人员检查后，向组织示意设备和系统情况，由组长依次向工长汇报，如有问题，组长按机位汇报发现的具体问题。接班工长登陆进入系统。

（2）作业

工长通知检测车辆时发令：某时间的列车开始检查。机检员发现故障后，报机位故障。

11.6.5　TFDS 系统实际使用成果

TFDS 系统的实际运用给列检工作带来了以下变化。

1. 实现了"室外"向"室内"的转变

列检作业通常是在露天的环境下进行，铁道车辆的检修质量会直接受到环境因素的影响。传统的列检作业手段无法解决这些自然因素的影响。然而 TFDS 系统则不受这些因素影响，对铁道货车车辆实行"全天候"的检测，大大地改善了作业的环境、减轻了劳动的强度并增强了对故障的检测能力，也实现了"室外"向"室内"的转变。

2. 实现"人控"向"机控"的转变

列检的现场作业会受到列检作业者的精神状态、心理因素及检查视觉等客观因素的影响，列检作业的行为可控程度比较差，检修的质量难以得到保证。通过 TFDS 系统替代人工作业之后，按照检测的分工范围来实行专业的检查，这样使列检作业者能够专注于具体的检查部位，从而提高了对铁道货车的检测质量。

3. 便于进行原因分析和责任追究

传统的列检作业方式因为检车员简化列检作业造成了漏检或者漏修，进行原因的分析和追究责任的时候，无法追溯原始的作业情况，就造成了不能有效、准确地定责，而使用 TFDS 系统通过查询图像和分析原始记录，事故责任就一目了然。

4. 解决了列车密集到达和列检作业与运输畅通之间的矛盾

在铁路第五次大面积的提速调整后，铁道车辆密集到达成为普遍现象，按照《铁路货车运用维修规程》规定的 35min 技检时间来进行作业，这样势必会干扰到运输生产组织秩序，从而影响到铁道货车的运输畅通。采用 TFDS 系统之后，它所监控的车辆转向架与车钩缓冲装置部位一共有 26 幅画面，这些画面非常直观地显现了车辆的实时实际状态，减少了现场检车员进行技术检查的作业时间。根据运装货车文件的要求，到达和始发的直通货物车辆的列检作业人员要按照每人进行单侧检查不超过 10 辆的标准，平均每辆列车可压缩的技术检查时间为 9.5min，这样有效地解决了铁道车辆的密集到达、列检作业和运输畅通之间的矛盾。

5. 实现了"静态检查"向"动态检测"的转变

现在的列检作业方式是对铁道货车进行静态检查。以篷车为例，每辆车要按照"三七二七"的标准来进行检查，列检检车员要上下进行较大幅度的运动，经过统计，列检检车员检查一共要进出 14 次，锤敲眼看全车 107 个螺栓、67 个各部圆销的开口销，对体能的消耗巨大，稍有不注意就会造成漏检作业而影响到行车安全。而 TFDS 系统是对运行中的铁道车辆进行动态检测，再将故障情况报告给现场列检人员，这样使列检人员有充足的时间来进行故障处理。

6. 满足了检查货车车辆新技术、新结构的需要

铁道货车车辆技术的飞速发展，新技术和新工艺不断地采用，有些故障单靠列检员来检查很难达到要求。比如说交叉杆和转 K4 转向架的弹簧托板因距轨面的距离小，列检员无法检查到位也就不能及时发现故障隐患。而 TFDS 系统可以将检车员难以检

查到的部位清晰地显现在计算机上面，这样明显地提高了检查的彻底性。

7. 实现了资料统计查询、数据采集和报表自动生成

与 AEI 系统连接之后，实现了车号的自动识别，并进行数据的查询和传输。室内检车员发现故障及时输入后，系统将会自动生成以 HMIS 为标准的车统-15 与车统-81 等列检所常用的主要报表。系统提交报表之后，通过网络的传输进入到"车辆综合信息平台"，将发生的故障信息直观地显示在平台上，并预报给列检值班员，这样解决了室内列检员靠手写和语音方式传递信息的不准确性，实现了信息传递的准确性、可追溯性和实时性。

11.7　客车运行安全监控系统

客车运行安全监控系统（TCDS）是为适应对我国客车安全运行越来越高的要求而开发的一种新型客车安全监控系统。它通过车载安全监控设备，对客车运行关键部件进行实时监测和诊断。

11.7.1　TCDS 的基本知识

车辆在运行过程中基础制动系统作用是否良好，转向架性能是否恶化，供电系统是否处于安全状态，防滑器工作状态是否正常，运行中有无车轮擦伤，空气弹簧工作状态，轴承温度是否正常，配电室等重点防火部位有无火灾险情等，这些涉及列车运行中的安全问题必须在运行状态下及时发现并采取相应对策，才能使旅客列车运行安全得到保证。客车运行安全监控系统就是对上述危及旅客列车运行安全的主要因素进行实时监测诊断、记录和存储，并集中显示和报警，定位故障，指导维修。

1. TCDS 建设目的

（1）TCDS 是实现远程专家诊断的基础

客车运行安全监控系统对列车运行时的设备状态进行监控，当发生故障时，由于业务能力和范围不同时，每一个车辆工程师对故障的处理效果和效率也不一样，甚至部分故障处理的困难程度已经超出一般车辆工程师的能力范围。因此，在列车和全铁路安全监控系统网络大体系的前提下，建设远程专家诊断系统，使得几乎所有故障都可以通过远程专家诊断及时得到相对最优的处理方案建议。

（2）TCDS 可进一步完善全路车辆管理体制

通过客车运行安全监控系统的建设，不但能够保证客车的运行安全，还可以将全路安全信息形成一个有机的整体，由中国铁路总公司统一管理。要达到这个目的，就要求不同路局之间相互协调、配合，上级部门对下级部门实行有力的监督管理，下级部门对上级部门分派的任务执行情况进行有效的反馈，使车辆部门各职能机构层次分明、各尽其职，车辆部门的管理机制行之有效、更有力度。

安全监控系统的建设，直接参与了车辆的管理、检修的作业流程，既有自下而上的信息反馈，又有自上而下的任务分派，还有跨局间信息的交互与共享，形成了一个完整的全路车辆统一管理运用、保证运输安全的解决方案。提高基层工作单位的车辆检修效率，可以有效推动车辆管理机制改革的步伐，提高铁路自动化水平。

（3）TCDS 能促进车辆检修部门的信息化建设，提高检修效率

通过客车运行安全监控系统的建设，可以在最短的时间内将正在运行中的列车所发生的一切异常情况、设备故障等信息发送到车辆检修部门，同时也在车辆检修部门建立最迅捷的故障响应机制，根据故障等级做出正确的处理决策。客车运行安全监控系统建设对车辆检修部门的信息化建设，有着很好的促进作用。同时，由于列车在运行过程中，车辆检修部门已经对车上所发生的各类情况有所了解，辅以过程数据的地面专家系统分析，对于入库后车辆的检修就可以做到有的放矢，从而提高检修效率。

（4）TCDS 为各型客车运行安全提供保证

随着我国客车运营车辆数目不断增加，速度不断提高，目前，主要靠人工完成的对客车的管理和检修，极大地增加了现场运用的难度和工人的劳动强度。速度提高，客车运行安全尤为重要，车辆指挥部门要求及时获取客车运行状态的信息显得尤为重要。因此，迫切需要将旧的体制进行改革，从人控向机控、粗放向集约转变，使车辆的运用管理和检修向信息化、智能化方向发展。

（5）TCDS 可确保特殊线路的客车运行安全

某些不便于人工作业的环境，如青藏铁路平均海拔 4500m 以上，自然环境极端恶劣，氧含量仅及海平面的 50％ 左右，青藏线沿线生存条件差，设备工作环境也差。在客车运行过程中，当车辆设备出现故障时，检修工作难度较大，出现严重故障时，更需要及时通知地面进行救援配合处理。因此，应建立起良好的故障预警、确保运行安全的监控系统。在这些线路上建客车运行安全监控系统，可以做到有故障及时报警，有安全隐患尽早消灭。

（6）TCDS 同 KMIS 接口，可发挥更大作用

安全监控系统通过与 KMIS 的结合，对于任何一节车辆，均可以查询到其生产制造、历史信息、故障记录、使用寿命、配件的运用检修、重点配件的质量跟踪等详尽的信息，既方便了车辆部门的车辆管理与调度，又提高了检修效率与质量。

（7）TCDS 为动车组的管理运用提供基础

2004 年 10 月铁道部组织完成了 140 列动车组的采购项目合同签订，成功引进了川崎重工、庞巴迪、西门子、阿尔斯通的动车组先进技术。今后一段时间高速铁路网和城市轨道交通建设规模越来越大，动车组数量越来越多。如此庞大的建设，一方面，自身的建设过程会为以后的其他建设提供宝贵的建设经验和良好的基础；另一方面，在建设方案中预留了多种可能的与其他系统的接口，既方便扩展，又减小了其他未来可能建设的成本。安全监控系统建设完成后，在建立动车组检修基地时，可以直接将

动车组监控信息通过预留的接口传递，建成动车组的全路安全监控系统，实现动车组的信息化管理与运用。

(8) TCDS 是建立零配件储备和配送功能的依据

车辆检修部门根据安全监控系统的监测数据和专家诊断结果，对管内各车辆的性能、设备状态均有最及时的记录。因此，对于部分故障的处理，可以做到列车在运行中发生故障，实时发送到车辆检修部门，确认需要换件或维修，同时进行零配件的配送，待车入库时，已经做好检修的充分准备。对于部分性能恶化的车辆，根据其故障可能发生的部件，一方面防患于未然，另一方面可以有所侧重地进行零配件储备。

2. TCDS 建设原则

TCDS 的设备、技术必须是先进、成熟、经济、实用、可靠的；安全监测设备建设与信息网络化建设同步进行；地面网络建设充分利用铁路通信通道、TMIS 和 OA 网络；分散检测、集中报警、数据集中管理、监控追踪全程覆盖；应用系统以实用为主，坚持统一标准、统一制式、统一开发、统一应用的技术政策；统一数据接口标准，预留与其他安全监控信息网络等相关系统的接口，信息共享；可靠性原则。软件设计上应保证重要信息的优先与可靠传输；提高自动化程度原则。数据的传输、分类与汇总应自动进行；网络安全原则：安装可靠的杀毒软件、打好操作系统补丁，保证网络的安全运行；经济性原则：尽可能利用现有资源，降低建设成本。

3. TCDS 建设任务

构建客车安全监控信息网络，重点解决车载客车运行监控信息落地问题以及客车整备所与车辆段、路局间的通道建设问题。在铁路通信网络（TMIS 和 OA 网）基础上，提供客车整备所、车辆段、路局、中国铁路总公司间数据传输和信息交流的通道，实现客车监测数据自动采集和逐级上传；根据"成熟先进、实用可靠"的原则，确定无线数据传输设备（含无线发送与接收设备）的选型；在需要对客车进行安全监控的各次列车车辆工程师车上，安装无线数据发送设备；建设客车整备所/车辆段监控管理中心、路局监控中心、中国铁路总公司查询中心，配置系统运行所需的必要的计算机网络设备，建成存储和管理客车运行安全检测数据的数据库和数据管理系统；开发车辆段（含客车整备所）、路局、中国铁路总公司三级客车运行安全监测管理应用程序，包括客车运行监控信息采集与预处理、监测数据传输、实时监控、危险车辆报警、不良车辆追踪、预警分析、综合查询、报表生成、统计分析以及后台支撑等基本功能，并实现车载设备运行状态的监测，提供车辆管理和作业、维修信息服务。

客车运行安全监控系统建设在所有线路的运营客车上（主要是 25G、25K、25T 型车），包括无线数据传输设备的安装与调试；车辆段监控中心、路局监控中心、中国铁路总公司查询中心，以及各级中心计算机网络硬件设备配置及数据传输软件和应用系统软件的开发与应用。运行中列车通过 GPRS 无线传输如图 11-29 所示。

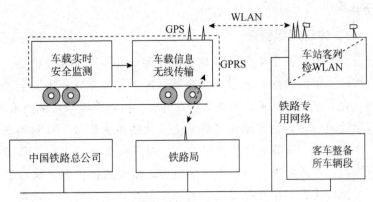

图 11-29　数据传输方式

4. TCDS 工作原理

对列车运行中危及行车安全的主要设备（供电系统、空调系统、车下电源、车门、烟火报警、轴温报警器、防滑器、制动系统、车体、转向架动力学性能、轮对状态等）的工作状态。通过 GPRS 通信设备实现远程监控；通过车上的 GPS 装置实时向地面报告列车运行位置信息；车辆到站后通过 WLAN 与地面联网，自动下载数据，并通过地面专家系统进行数据统计，分析车辆各设备的性能，定位故障指导维修，消除安全隐患；通过 WEB 终端查询系统形成车辆段、路局、中国铁路总公司三级监控中心，实现车辆安全运用、维修、管理和监督。

5. TCDS 设备组成

TCDS 设备由车载安全监控系统、车载无线发射装置、客列检 WLAN 联网设备、客车整备所、车辆段、铁路局、中国铁路总公司 TCDS 组成。

11.7.2　TCDS 总体结构

客车运行安全监控系统由三级联网、三级中心、三级应用组成。三级联网是指中国铁路总公司与路局联网、路局与车辆段联网、车辆段与配属客车联网。三级中心是指中国铁路总公司查询中心、路局监控中心、车辆段监控中心。三级应用是指车辆段级应用、路局级应用和中国铁路总公司级应用。图 11-30 为 TCDS 系统框架示意图。

1. 三级联网，信息完全共享

在 TMIS 的全国铁路通信网络的基础上，利用网络数据传输平台，将中国铁路总公司查询中心、铁路局监控中心、车辆段监控中心联系起来；在实时数据采集的基础上，利用现代无线通信技术，将车辆段与配属客车联系起来，实现客车与地面的有机结合。车地无线联网实现列车和地面间的数据传输，地面信息网络实现各级中心间的数据传输。在三级联网的基础上，所有数据统一格式、统一标准，实现客车安全信息完全共享。

2. 三级中心，体现逐级管理

　　客车运行安全监控系统由中国铁路总公司查询中心、路局监控中心、车辆段监测中心三级中心组成。中国铁路总公司作为决策指挥中心，充分利用安全监控数据的分析结果，调整优化客车制造技术，把握铁路发展大方向，制定战略性决策和技术政策。铁路局作为运用管理中心，需要随时了解管内发生的重大事故，针对问题，做出正确的列车调度、车辆运用、故障处理的指导意见。对下属车辆段工作进行监督管理，对客车安全信息查询、汇总上报，对危险车辆报警，跟踪数据传输，执行中国铁路总公司下发任务。车辆段作为基层数据中心，首先要安排完成对管内车辆的日常维护、检修工作，需要对发生故障的车辆做出正确的处理，监督检修作业质量，还需要维护管内车辆的所有安全监控数据，向上级车辆部门及时反馈有效的车辆运用信息。

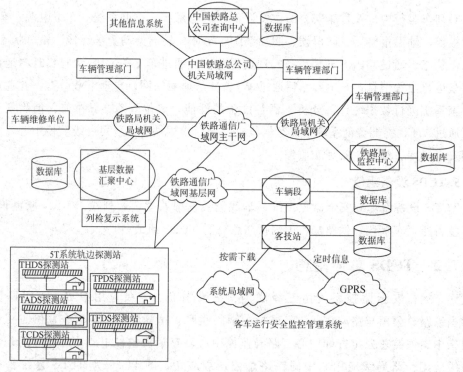

图 11-30　TCDS 系统框架示意图

3. 三级应用，数据充分利用

　　车辆段级应用包括车地数据无线传输系统、地面专家系统、地面网络数据传输系统、数据中心后台支撑系统、数据中心控制台系统、客车运行状态电子地图实时跟踪系统、客车运行安全信息查询与统计报表支持系统等一组应用软件。路局级应用和中国铁路总公司级应用的应用软件构成和功能框架基本相似，只是后台软件的传输处理信息量和前台应用提供的各类可访问信息的范围、力度存在差异，已开发和部署的软件包括地面网络数据传输系统、数据中心后台支撑系统、数据中心控制台系统（C/S 模式）、客车运行状态电子地图实时跟踪系统（C/S 模式）、客车运行安全信息查询与统计报表支持系统（B/S 模式）等一组应用软件。

车地数据无线传输系统实现客车运行监测数据的落地，包括报警、列车 GPS 定位、速度、编组、设备状态等信息的实时发送，还包括到站后将客车在本次运行中所产生的所有监测数据进行批量下载。地面专家系统以监测数据为依据，对客车状态进行评价，对设备的状态进行分析，发现并提示客车在运行中出现的问题或安全隐患，提供车辆检修建议，提高车辆检修效率。通过长期监测数据的积累，还可以形成对某类设备、某种型号客车的全面而客观的统计与评价，对于车辆部门制定车辆维护计划、设备故障检修、保证运输安全等具有重大意义。

地面网络数据传输系统建立在网络传输中间件的基础上，负责提供地面三级中心间可靠的数据传输服务。数据中心后台支撑系统由一组后台数据处理模块构成；完成数据的装载、校验、数据重组、统计信息抽取等数据处理任务，为前台应用提供便于访问、查询效率高的数据环境。数据中心控制台系统通过集成化的中心系统管理操作界面，提供系统基础数据维护、系统配置、运行参数设置、用户和权限管理等系统管理配置功能。

客车运行状态电子地图实时跟踪系统主要以直观的电子地图形式，提供客车运行状态实时信息动态跟踪和运行轨迹历史回放，使车辆主管部门随时掌握在线运行客车状态，重演客车动态运行过程。客车运行安全信息查询与统计报表支持系统主要为车辆管理部门提供全面、真实、可靠的实时信息、下载故障信息和相关基础数据查询，提供科学、直观、多角度透视的故障统计分析报表。在此基础上，车辆部门可以有针对性地实现配件储备，合理地安排检修人员，了解故障检修重点，并提出客车设备科学改进的意见，促进车辆制造与运用技术的发展。

4. 三级联网方案

图 11-31 为中国铁路总公司、路局、车辆段客车三级联网。

（1）车地无线联网技术方案

运用比较先进和成熟的无线通信技术，实现客车与配属车辆段之间的联网，解决 TCDS 车地数据无线传输问题已经成为可能。车地数据无线传输系统采用 GPRS 传输客车运行中实时监测的重要数据，采用 WLAN 完成客车整个运行过程中的所有监测数据的下载。

（2）实时信息的传输

为了保证车辆段运用部门及时掌握列车实际运行状态、避免和防止重大安全事故，客车运行安全监控系统主机在监测到监视项目异常或故障报警时，自动启动报警实时发送机制，将此信息通过 GPRS 实时发送出去。当系统工作正常时，系统主机定时通过无线 GPRS 接口向地面发送各系统状态信息和 GPS 定位信息。故障信息应包含发生故障列车的车次、车厢号、车号、故障发生时间、发生故障设备类型、故障描述、故障相关数据。定时信息包括列车的车次、车厢号、车号、时间、监测项类型、监测项状态。

（3）过程数据的下载

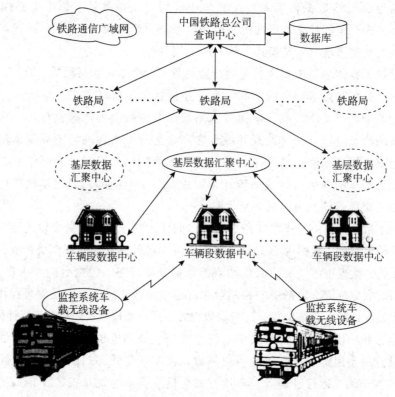

图 11-31　中国铁路总公司、路局、车辆段客车三级联网

为了支持地面专家数据库，对过程数据进行分析和故障诊断，以便于分析和查找事故原因，并进一步诊断数据和故障预警，将车载安全监测系统实时记录的过程数据，通过 WLAN 传输至地面。过程数据包括：车次、车厢号、车号、时间、本车监测项数目、本车监测项类型码、本车监测项数据内容长度、本车监测项心跳监视字节、监测项数据内容等。

客车到站后，通过在车站架设的 WLAN 设备与天线，把数据下载到客列检，数据转发伺服程序立即将数据转发到客技站。客技站将数据同时导入到车辆段及客技站数据库。车辆段和客技站服务器上的数据伺服程序即把客列检的数据传输到本地，然后通过自动导入程序把数据放入数据库保存，以供地面专家系统使车辆段和客车整备所建立客车运行安全监测数据库。地面专家系统软件对过程数据进行回放和二次诊断，并将结果显示在屏幕上。车辆段安全监控专职人员可以查询故障信息，并可以通过打印机输出故障报表，指导检修。各级中心通过 WEB 网页可以远程查询故障信息，并可以获得形式各异的全面的报表支持。

（4）地面网络技术方案

地面数据传输网络利用铁路计算机通信网既有网络通道，充分利用 TMIS 网络和中国铁路总公司、路局、站段三级局域网络，各级局域网通过广域网互联。具体方法如下：

　　构建客列检、客车整备所和车辆段间的网络通道，速率在 2Mbit/s 以上。中国铁路总公司查询中心、路局监控中心、车辆段监控中心计算机接入各级机关办公局域网，期间通过 TMIS 网络相连，速率在 128Kbit/s 以上。各级车辆运用监控和管理部门客户机通过各级机关局域网与本系统相连，网络通信统一采用 TCP/IP 协议。IP 地址分配应符合中国铁路总公司统一规划并备案。KMIS 以及综合安全监控管理系统等通过各级办公局域网与本系统相连，实现信息共享。将网络和信息安全以及防计算机病毒等纳入中国铁路总公司和各局信息网络安全建设统一规划。

　　（5）三级中心系统功能

　　图 11-32 为三级中心系统功能。从整体来说，三级中心系统功能包括了相关基本数据的维护与管理、列车设备状态的实时监控、根据车辆状况生成任务报表、指导维修、监测信息的实时显示、查询及统计报表等信息服务功能，以及一系列相关的软件参数设置及配套的管理工作。针对不同用户和各级应用，其应用系统功能侧重不同。

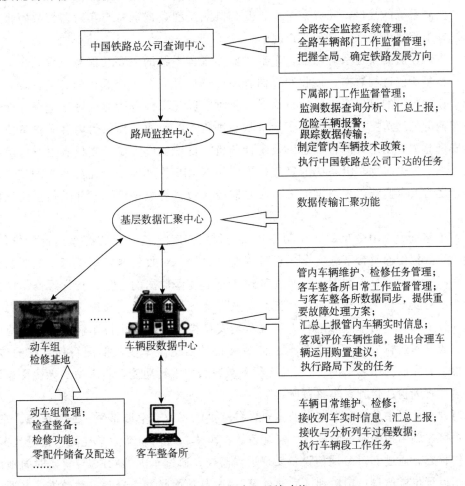

图 11-32　三级中心系统功能

①中国铁路总公司查询中心系统功能。中国铁路总公司查询中心管理系统的主要功能特点：接收和存储全路客车运行安全监控系统的各类数据，动态监测正在运行中的客车的运行情况，及时掌握全路故障车辆及存在安全隐患车辆的处理情况，对全路重点客车运行状态进行追踪监控；提供客车运行安全监测数据的查询、汇总以及统计分析，自动生成各类统计分析报表；通过对客车运行状态监测数据的分析，总结客车车辆检修的规律，制定客车运行安全监控系统的运用、管理、维修、养护等规章制度，提供决策技术支持。

②路局监控中心管理系统功能。路局监控中心管理系统的主要功能特点：接收和存储管内客车运行安全监控系统的各类数据，动态监测正在运行中的管内车辆的运行情况，及时掌握下属单位对故障车辆及存在安全隐患车辆的处理情况，对管内客车运行状态进行追踪监控；提供客车运行安全监测数据的查询、汇总以及统计分析，自动生成各类统计分析报表；建立客车运行安全监控系统技术支持中心，在系统的运行、维修、养护等方面提供决策技术支持；提供对动车组系统的管理，预留与KMIS等其他安全监测系统的接口，完成客车运行安全监测过程数据汇总与实时监控故障报警数据汇总并上传至中国铁路总公司查询中心。

③车辆段监测管理系统功能。车辆段监测管理系统的主要功能特点：同步保存管内客车整备所的过程数据，接收和存储管内客车运行安全监控系统的各类数据，动态监测正在运行中的管内车辆的运行情况，及时掌握客车整备所对故障车辆及存在安全隐患车辆的处理情况，对管内客车运行状态进行追踪监控；提供管内客车整备所客车运行安全监测数据的查询、汇总以及统计分析，自动生成维修计划任务书及各类统计分析报表。提供对动车组系统的管理，预留与KMIS等其他安全监测系统的接口，完成客车运行安全监测过程数据汇总与实时监控故障报警数据汇总，并上传至路局监控中心。

客车整备所应用系统的主要功能特点：利用GPRS实时接收客车运行故障信息；利用无线数据传输平台下载客车运行过程监测数据，对收到的客车运行安全监控数据进行解码、显示并存入数据库；通过对到站列车过程数据的分析，指导维修；提供管内客车运行安全监测数据的查询、汇总以及统计分析，自动生成维修计划任务书及各类统计分析报表；对于故障或状态不良车辆安排检查维修；执行车辆段的车辆检修任务，完成客车运行安全监测数据与监测故障报警信息至车辆段监测管理系统的传输。客列检主要完成到站客车的WLAN无线下载数据的中转功能，将车站的无线覆盖设备连接通过客列检连接到客车整备所。

对列车运行中危及行车安全的主要设备（供电系统、空调系统、车下电源、车门、烟火报警、轴温报警器、防滑器、制动系统、车体、转向架动力学性能、轮对状态等）的工作状态，通过GPRS通信设备实现远程监控；通过车上的GPS装置实时向地面报告列车运行位置信息；车辆到站后通过WLAN与地面联网，自动下载数据，并通过地面专家系统进行数据统计，分析车辆各设备的性能，定位故障指导维修，消除安全隐患；通过 WEB 终端查询系统形成车辆段、路局、中国铁路总公司三级监控中心，实现车辆安全运用、维修、管理和监督。

11.7.3 KAX-1 客车行车安全监测诊断系统的特点和组成

KAX-1 客车行车安全监测诊断系统实现了旅客列车运行中的安全监测与诊断、报警以及记录与存储，并实现了"车-地""车-人""地-地"的双向数据通信，它的应用必将为客车的安全监控、信息化状态检修与质量管理提供强有力的技术平台。它对我国目前提速客车危及行车安全的主要因素进行现场分析，确定本系统监测、诊断重点主要针对目前客车故障多发部位、发生故障危及运行安全而人工难以检测和判断的部位以及只有在运行工况下才能检测到的部位，即客车的走行部、基础制动系统和车辆供电系统。

系统各功能级监测单元硬件为独立模块。系统以基本配置（车辆走行部动力学、基础制动系统、车电、防滑器）为基础，其余功能块（轴温、火警、车门、车厢显示器、无线通信等）为可选件，系统组态灵活。KAX-1 客车行车安全监测诊断系统由三个分系统组成：车载安全监测诊断系统；无线通信系统；地面数据管理与专家系统。

1. KAX-1 客车行车安全监测诊断系统的特点

KAX-1 车载系统的硬件结构由三部分构成：车厢级主机、列车网络、列车级主机。它是集车载实时监测诊断与记录、无线通信、地面实时监测终端与数据库管理为一体的信息化的客车行车安全监控系统。其监测重点针对危及列车运行安全以及在运行状态下人工难以发现与判断的主要因素；即车辆转向架、制动系统以及车辆的供电安全状态。列车级主机以 QNX 多任务实时操作系统为平台。QNX 多任务实时操作系统比目前常用的 WINDOWS 操作系统在实时性、稳定性、可靠性等方面有很大提高，并且具有模块化程度高、剪裁自如、易于扩展的特点。地面数据库与专家系统的数据存档、查询、诊断、联网功能，为车辆应用和管理部门提供一个车辆应用管理、动态质量控制的信息化技术平台。

2. KAX-1 客车行车安全监测诊断系统的技术条件

系统诊断分级：车厢级功能诊断与列车级综合诊断两级。

车厢级功能监测：车辆转向架与车体、制动系统、防滑器、车厢级显示器。

列车通信网络结构：车厢级与列车级两级层次结构。

类型：列车级 Lon Works 现场总线，车厢级 Lon Works 现场总线。

传输介质：屏蔽双绞线（符台 TB/T 1484−2001 标准）。

可传输距离：1000m。适应编组数：1～20 辆。

通信方式：车载移动卫星双向通信，无线通信 GPRS，无线通信 GSM，无线局域网通信。

工作环境温度：−40～+70℃。

工作环境相对湿度：不大于95％。

工作电压：DC 110/DC 48 V 或 AC 220 V（50 Hz），电压波动范围符合 TB/T 3201－2001 标准的规定。

绝缘性能：符合 TB/T 3201～2001 标准的 12.2.9.1 项规定。

耐振性能：符合 TB/T 1333－1996 标准的 5.9 项规定。

电磁兼容（EMC）：参照 GB/T 18626－1998 标准执行。

车厢级机箱、模盒设计标准：参照 IEC 6029－3 标准执行。

电源功率：

车厢级约 75 W（AC 220 V 50 Hz/DC 110 V/DC48 V）；

列车级约 100 W（AC 220 V 50 Hz）。

外形尺寸及重量：车厢级主机尺寸（宽×高×深）：482.5 mm×266 mm×255 mm，车厢级主机重量约为 15 kg。

列车级主机尺寸（宽×高×深）：275 mm×133mm×255 mm，列车级主机重量约为 5 kg。

安装方式：

车厢级主机：壁挂式 4×M8 螺钉固定安装；

列车级管理器：壁挂式 4×M6 螺钉固定安装。

适应车型：25T、25K、25G、动车组等。

本章小结

本章主要讲述了地对车车辆运行安全监控体系、车号自动识别系统、红外线轴温探测系统、货车滚动轴承早期故障轨边声学诊断系统、货车运行状态地面安全监测系统、货车运行故障动态图像检测系统和客车运行安全监控系统等相关知识。本章知识点如下：

（1）地对车车辆运行安全监控体系主要由五大系统组成：红外线轴温探测系统 THDS、货车运行状态地面安全监测系统 TPDS、货车滚动轴承早期故障轨边声学诊断系统 TADS、货车运行故障动态图像检测系统 TFDS 和客车运行安全监控系统 TCDS。

（2）车号自动识别系统主要由车辆标签、地面 AEI 设备、车站 CPS 设备、列检复示系统、分局 AEI 监控中心设备、标签编程网络、中国铁路总公司车号信息查询中心等部分组成。

（3）红外线轴温探测系统由红外线轴温探测设备和计算机所组成。红外线轴温探测系统可视为一个独立的、专用的数据可交换的计算机信息网络。

（4）货车滚动轴承早期故障轨边声学诊断系统（TADS）是专门针对早期防范铁路货车滚动轴承故障研制而成的专用设备。与红外线轴温监测系统互补，防止切轴事故发生，确保行车安全。

（5）货车运行状态地面安全监测系统（TPDS）具有监测功能齐全、测试技术先进、测量精度高、系统稳定性好、测试数据分析和处理实时全自动、易于使用、数据网络共享等特点。

（6）货车运行故障动态图像检测系统（TFDS）是一套通过高速像机阵列实时动态拍摄货车车底和侧下部的全部可视信息，实现过车信息、故障及其图像、检修处理信息和车辆部件图像等数据的精确采集和信息管理。

（7）客车运行安全监控系统（TCDS）是为适应对我国客车安全运行越来越高的要求而开发的一种新型客车安全监控系统。它通过车载安全监控设备，对客车运行关键部件进行实时监测和诊断。

本章习题

一、填空题

1. 地对车车辆运行安全监控体系简称"5T"系统，它由五个子系统即 _____、_____、_____、_____、_____组成。

2. 车号自动识别系统主要由 _____、_____、_____、_____、_____、_____等部分组成。

3. 三型机轴温判别采用三个判据：_____、_____、_____。

二、简答题

1. 简述 THDS 系统的工作原理。

2. 简述 TADS 系统的工作原理。

3. 简述 TPDS 系统的工作原理。

4. 简述 TFDS 系统的工作原理。

5. 简述 TCDS 系统的工作原理。

附 录

附录一　镍铬-镍硅热电偶分度表

热电动势 μV

℃	0	1	2	3	4	5	6	7	8	9
0	0	39	79	119	158	198	238	277	317	357
10	397	437	477	517	557	597	637	677	718	758
20	798	838	879	919	960	1000	1041	1081	1122	1162
30	1203	1244	1285	1325	1366	1407	1448	1489	1529	1570
40	1611	1652	1693	1734	1776	1817	1858	1899	1940	1981
50	2022	2064	2105	2146	2188	2229	2270	2312	2353	2394
60	2436	2477	2519	2560	2601	2643	2684	2726	2767	2809
70	2850	2892	2933	2975	3016	3058	3100	3141	3183	3224
80	3266	3307	3349	3390	3432	3473	3515	3556	3598	3639
90	3681	3722	3764	3805	3847	3888	3930	3971	4012	4054
100	4095	4137	4178	4219	4261	4302	4343	4384	4426	4467
110	4508	4549	4590	4632	4673	4714	4755	4796	4837	4878
120	4919	4960	5001	5042	5083	5124	5164	5205	5246	5287
130	5327	5368	5409	5450	5490	5531	5571	5612	5652	5693
140	5733	5774	5814	5855	5895	5936	5976	6016	6057	6097
150	6137	6177	6218	6258	6298	6338	6378	6419	6459	6499
160	6539	6579	6619	6659	6699	6739	6779	6819	6859	6899
170	6939	6979	7019	7059	7099	7139	7179	7219	7259	7299
180	7338	7178	7418	7458	7498	7538	7578	7618	7658	7697

（续表）

℃	0	1	2	3	4	5	6	7	8	9
190	7737	7777	7817	7857	7897	7937	7977	8017	8057	8097
200	8137	8177	8216	8256	8296	8336	8376	8416	8456	8497
210	8537	8577	8617	8657	8697	8737	8777	8817	8857	8898
220	8938	8978	9018	9058	9099	9139	9179	9220	9260	9300
230	9341	9381	9421	9462	9502	9543	9583	9624	9664	9705
240	9745	9786	9826	9867	9907	9948	9989	10 029	10 070	10 111
250	101 51	101 92	10 233	10 274	10 315	10 355	10 396	10 437	10 478	10 519
260	10 560	10 600	10 641	10 682	10 723	10 764	10 805	10 846	10 887	10 928
270	10 969	11 010	11 051	11 093	11 134	11 175	11 216	11 257	11 298	11 339
280	11 381	11 422	11 463	11 504	11 546	11 587	11 628	11 669	11 711	11 752
290	11 793	11 835	11 876	11 918	11 959	12 000	12 042	12 083	12 125	12 166
300	12 207	12 249	12 290	12 332	12 373	12 415	12 456	12 498	12 539	12 581
310	12 623	12 664	12 706	12 747	12 789	12 831	12 872	12 914	12 955	12 997
320	13 039	13 080	13 122	13 164	13 205	13 247	13 289	13 331	13 372	13 414
330	13 456	13 497	13 539	13 581	13 623	13 665	13 706	13 748	13 790	13 832
340	13 874	13 915	13 957	13 999	14 041	14 083	14 125	14 167	14 208	14 250
350	14 292	14 334	14 376	14 418	14 460	14 502	14 544	14 586	14 628	14 670
360	14 712	14 754	14 796	14 838	14 880	14 922	14 964	15 006	15 048	15 090
370	15 132	15 174	15 216	15 258	15 300	15 342	15 384	15 426	15 468	15 510
380	15 552	15 594	15 636	15 679	15 721	15 763	15 805	15 847	15 889	15 931
390	15 974	16 016	16 058	16 100	16 142	16 184	16 227	16 269	16 311	16 353
400	16 395	16 438	16 480	16 522	16 564	16 607	16 649	16 691	16 733	16 776
410	16 818	16 860	16 902	16 945	16 987	17 029	17 072	17 114	17 156	17 199
420	17 241	17 283	17 326	17 368	17 410	17 453	17 495	17 537	17 580	17 622
430	17 664	17 707	17 749	17 792	17 834	17 876	17 919	17 961	18 004	18 046
440	18 088	18 131	18 173	18 216	18 258	18 301	18 343	18 385	18 428	18 470
450	18 513	18 555	18 598	18 640	18 683	18 725	18 768	18 810	18 853	18 895
460	18 938	18 980	19 023	19 065	19 108	19 150	19 193	19 235	19 278	19 320
470	19 363	19 405	19 448	19 490	19 533	19 576	19 618	19 661	19 703	19 746
480	19 788	19 831	19 873	19 916	19 959	20 001	20 044	20 086	20 129	20 172
490	20 214	20 257	20 299	20 342	20 385	20 427	20 470	20 512	20 555	20 598

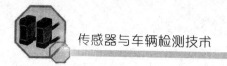

（续表）

℃	0	1	2	3	4	5	6	7	8	9
500	20 640	20 683	20 725	20 768	20 811	20 853	20 896	20 938	20 981	21 024
510	21 066	21 109	21 152	21 194	21 237	21 280	21 322	21 365	21 407	21 450
520	21 493	21 535	21 578	21 621	21 663	21 706	21 749	21 791	21 834	21 876
530	21 919	21 962	22 004	22 047	22 090	22 132	22 175	22 218	22 260	22 303
540	22 346	22 388	22 431	22 473	22 516	22 559	22 601	22 644	22 687	22 729
550	22 772	22 815	22 857	22 900	22 942	22 985	23 028	23 070	23 113	23 156
560	23 198	23 241	23 284	23 326	23 369	23 411	23 454	23 497	23 539	23 582
570	23 624	23 667	23 710	23 752	23 795	23 837	23 880	23 923	23 965	24 008
580	24 050	24 093	24 136	24 178	24 221	24 263	24 306	24 348	24 391	23 434
590	24 476	24 519	24 561	24 604	24 646	24 689	24 731	24 774	24 817	24 859
600	24 902	24 944	24 987	25 029	25 072	25 114	25 157	25 199	25 242	25 284
610	25 327	25 369	25 412	25 454	25 497	25 539	25 582	25 624	25 666	25 709
620	25 751	25 794	25 836	25 879	25 921	25 964	26 006	26 048	26 091	26 133
630	26 176	26 218	26 260	26 303	26 345	26 387	26 430	26 472	26 515	26 557
640	26 599	26 642	26 684	26 726	26 769	26 811	26 853	26 896	26 938	26 980
650	27 022	27 065	27 107	27 149	27 192	27 234	27 276	27 318	27 361	27 403
660	27 445	27 487	27 529	27 572	27 614	27 656	27 698	27 740	27 783	27 825
670	27 867	27 909	27 951	27 993	28 035	28 078	28 120	28 162	28 204	28 246
680	28 288	28 330	28 372	28 414	28 456	28 498	28 540	28 583	28 625	28 667
690	28 709	28 751	28 793	28 835	28 877	28 919	28 961	29 002	29 044	29 086
700	29 128	29 170	29 212	29 254	29 296	29 338	29 380	29 422	29 464	29 505
710	29 547	29 589	29 631	29 673	29 715	29 756	29 798	29 840	29 882	29 924
720	29 965	30 007	30 049	30 091	30 132	30 174	30 216	30 257	30 299	20 341
730	30 383	30 424	30 466	30 508	30 549	30 591	30 632	30 674	30 716	30 757
740	30 799	30 840	30 882	30 924	30 965	31 007	31 048	31 090	31 131	31 173
750	31 214	31 256	31 297	31 339	31 380	31 422	31 463	31 504	31 546	31 587
760	31 629	31 670	31 712	31 753	31 794	31 836	31 877	31 918	31 960	32 001
770	32 042	32 084	32 125	32 166	32 207	32 249	32 290	32 331	32 372	32 414
780	32 455	32 496	32 537	32 578	32 619	32 661	32 702	32 743	32 784	32 825
790	32 866	32 907	32 948	32 990	33 031	33 072	33 113	33 154	33 195	33 236
800	33 277	33 318	33 359	33 400	33 441	33 482	33 523	33 564	33 604	33 645

℃	0	1	2	3	4	5	6	7	8	9
810	33 686	33 727	33 768	33 809	33 850	33 891	33 931	33 972	34 013	34 054
820	34 095	34 136	34 176	34 217	34 258	34 299	34 339	34 380	34 421	34 461
830	34 502	34 543	34 583	34 624	34 665	34 705	34 746	34 787	34 827	34 868
840	34 909	34 949	34 990	35 030	35 071	35 111	35 152	35 192	35 233	35 273
850	35 314	35 354	35 395	35 436	35 476	35 516	35 557	35 597	35 637	35 678
860	35 718	35 758	35 799	35 839	35 880	35 920	35 960	36 000	36 041	36 081
870	36 121	36 162	36 202	36 242	36 282	36 323	36 363	36 403	36 443	36 483
880	36 524	36 564	36 504	36 644	36 684	36 724	36 764	36 804	36 844	36 885
890	36 925	36 965	37 005	37 045	37 085	37 125	37 165	37 205	37 245	37 285
900	37 325	37 365	37 405	37 445	37 484	37 524	37 564	37 604	37 644	37 684
910	37 724	37 764	37 803	37 843	37 883	37 923	37 963	38 002	38 042	38 082
920	38 122	38 162	38 201	38 241	38 281	38 320	38 360	38 400	38 439	38 479
930	38 519	38 558	38 598	38 638	38 677	38 717	38 756	38 796	38 836	38 875
940	38 915	38 954	38 994	39 033	39 073	39 112	39 152	39 191	39 231	39 270
950	39 310	39 349	39 388	39 428	39 487	39 507	39 546	39 585	39 625	39 664
960	39 703	39 743	39 782	39 821	39 881	39 900	39 939	39 979	40 018	40 057
970	40 096	40 136	40 175	40 214	40 253	40 292	40 332	40 371	40 410	40 449
980	40 488	40 527	40 566	40 605	40 645	40 684	40 723	40 762	40 801	40 840
990	40 879	40 918	40 957	40 996	41 035	41 074	41 113	41 152	41 191	41 203

附录二　模拟试卷

一、填空题（每空 2 分，共计 30 分）

1. 测量值与真值之间的差值称为 _____ 。

2. 传感器一般由 _____ 、 _____ 和 _____ 三部分组成。

3. 导电材料的电阻与材料的电阻率、几何尺寸有关，在外力作用下发生机械变形，引起该导电材料的电阻值发生变化，这种现象称为 _____ 。

4. 涡流式传感器的原理是利用金属体在交变磁场中的 _____ 。

5. 根据所改变的参数，电容式传感器可分为三种基本类型，即 _____ 、 _____ 和 _____ 。

6. 置于磁场中的静止载流导体，当它的电流方向与磁场方向不一致时，载流导体上平行于电流和磁场方向上的两个面之间产生电动势，这种现象称为_____。

7. 将两种不同的导体或半导体两端相接组成闭合回路，当两个接点分别置于不同温度 T、T_0（$T > T_0$）中时，回路中就会产生一个热电动势，这种现象称为_____。

8. 用光照射某一物体，可以看作物体受到一连串能量为 E 的光子的轰击，组成这种物体的材料吸收光子能量而发生相应电效应的物理现象称为_____。

9. 声波在介质中传播时，随着传播距离的增加，能量逐渐_____。

10. 传感器常用的信号转换主要有_____转换和_____转换。

二、判断题（每小题 2 分，共计 20 分）

1. 用光导纤维陀螺仪测量火箭的飞行速度和方向属于动态测量。（　　　）

2. 在进行传感器的选用时，灵敏度越高越好。（　　　）

3. 当金属丝受拉变长时，引起金属丝电阻的变化，其电阻值变小。（　　　）

4. 电容测厚仪属于变面积型电容式传感器的应用。（　　　）

5. 具有压电特性的电介质能实现机电能量的相互转换。（　　　）

6. 霍尔电势与激励电流及磁感应强度成反比。（　　　）

7. 对金属来说，温度上升时金属的电阻值将增大。（　　　）

8. 对半导体材料来说，温度上升时其电阻值将减小。（　　　）

9. 热电偶的两端，其中放入到被测介质中的称为参考端。（　　　）

10. 车号自动识别系统能提高编组站作业效率。（　　　）

三、简答题（每小题 5 分，共计 15 分）

1. 什么是压电效应？

2. 什么是霍尔效应。

3. 简述 5T 系统的组成。

四、计算题（每小题 10 分，共计 20 分）

1. 被测温度为 400℃，现有量程为 0～500℃、精度为 1.5 级和量程为 0～1000℃、精度为 1.0 级的温度仪表各一块，问：选用哪一块仪表测量更好？请说明原因。

2. 用镍铬-镍硅热电偶测炉温，当冷端温度为 20℃（恒定），测出热端温度为 T 时热电势为 18.05mV，求炉子的真实温度。

五、分析题（共计 15 分）

目前在我国越来越多的商品外包装上都印有条形码符号。条形码是由黑白相间、粗细不同的线条组成的，它上面带有国家、厂家、商品型号、规格等许多信息。对这些信息的检测是通过光电扫描笔来实现数据读入的。请根据附图 1 分析其工作原理。

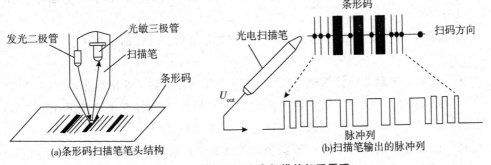

(a)条形码扫描笔笔头结构　　　　(b)扫描笔输出的脉冲列

附图 1　商品条形码光电扫描笔扫码原理

参考文献

［1］徐科军．传感器与检测技术［M］．第4版．北京：电子工业出版社，2016．

［2］余成波，陶红艳．传感器与现代检测技术［M］．第2版．北京：清华大学出版社，2014．

［3］李永霞．传感器检测技术与仪表［M］．北京：中国铁道出版社，2016．

［4］海涛，李啸骢，韦善革，等．传感器与检测技术［M］．重庆：重庆大学出版社，2016．

［5］童敏明，唐守锋，董海波．传感器原理与检测技术［M］．北京：机械工业出版社，2014．

［6］刘元鹏．营运车辆综合性能检测管理与技术应用［M］．北京：中国计量出版社，2015．

［7］胡祝兵．自动检测技术及应用［M］．北京：中国电力出版社，2017．

［8］李駬，汪涛．传感器与自动检测技术及实训［M］．北京：中国电力出版社，2016．

［9］王婷，赵柏阳，翟士述．车辆检测技术［M］．成都：西南交通大学出版社，2017．

［10］张雨．车辆总成性能检测技术［M］．北京：国防工业出版社，2015．

［11］刘瑞扬，王毓明．铁路货车滚动轴承早期故障轨边声学诊断系统（TADS）原理及应用［M］．北京：中国铁道出版社，2005．

［12］陈伯施，刘瑞扬．地对车安全监控体系5T系统信息整合与应用［M］．北京：中国铁道出版社，2006．

［13］刘瑞扬，王毓明．铁路货车运行状态地面安全监测系统（TPDS）原理及应用［M］．北京：中国铁道出版社，2005．

［14］刘瑞扬，王毓明．货车运行故障动态图像检测系统（TFDS）原理及应用［M］．北京：中国铁道出版社，2005．

［15］刘瑞扬，杨京．铁路客车运行安全监控系统（TCDS）原理及应用［M］．北京：中国铁道出版社，2005．